U0313270

台式新简约Ⅲ

NEW SIMPLE STYLE OF TAIWAN Ⅲ

先锋空间 编

广州百翊文化 策划

华中科技大学出版社
http://www.hustp.com
中国·武汉

中国台湾住宅设计的温度及人本主义精神

中国台湾住宅设计的美与灵感，往往源于生活与自然。从生活中触发，令人心生感动；尊重自然，令人宁静、平和。设计师用空间语汇引导使用者去畅想生活中的美好点滴，为空间注入音乐般的韵律。在追求美的同时，不忽视人在空间中的基本需求，使住宅达到“适用”与“美观”的双重标准，并在功能、视觉、心理三个层面相互配合，最终营造出和谐的居住空间。这是本书筛选案例的准则。

本书中的案例在设计手法上充分体现了以人为本的核心精神。考虑到人们对于居住空间的基本需求，台式人文住宅很少出现浮夸的造型，而是多通过线面与体块纵横交织，让人享受体块穿插带来的乐趣。同时在视觉的二维界面中推敲比例与形体，赋予空间的律动感。

在材料的选择上，中国台湾设计师对于天然材料（如木材、石材）情有独钟，这种选择发自本心，也满足了工业化进程下人们内心对于自然的渴求。中国台湾设计师善于以材质为界划分不同功能的空间。组织不同材质时，使其统一中富含变化，制造冲突与对比，但又能和谐、一致。

序言

自由的流线与松紧有致的空间布局，方便了居住者生活与使用。为了保证空间的舒适与自由度，对小空间常常采用化零为整的手法，满足了居住者对于大空间和视野的需求。

收纳设计也是台式设计的精彩之处。通过打造整体美观的收纳柜，让分散的置物空间隐形，变成空间的装饰元素。住宅中灵动的色彩与软装充分体现了空间的个性。亮色与纯色的加入活跃了空间氛围，打破沉闷。

中国台湾设计师对于光线与自然景色的尊重，使空间产生精神层面的升华。设计师往往最大化地利用自然给我们的能量，将阳光与美景用最优的方式引入室内，再配合室内的点点绿植，获得净化心灵、放松心情的效果。

本书甄选大量优秀中国台湾设计师的居住空间作品，在引导读者欣赏的同时，将室内设计的各个要素进行拆解。作者从动线设计、材料运用、创意造型、光线运用、色彩与软装、引景入室、收纳设计这七个方面，对设计师的作品进行全面解读，点对点地分析每个设计的精彩之处，力求让读者全面了解台式人文住宅的设计理念与精髓。

材料
运用
008-087

软装
配色
088-151

目录

创意
造型
258 307

引
人
355

目录

DUKE ELLINGTON
Corporate Interiors
CORPORATE PROFILE GRAPHICS

材料运用

“

甄选自然

设计师在材料的选用上需要独具匠心，重视材料的甄选。在空间设计中，设计师主要采用天然材料，追求其带来的舒适、环保的特性，特别是木材与石材的大面积使用，可以营造温润、厚重或是清新、典雅的空间氛围。此外，设计师还十分注重彰显材料的天然肌理，特别是大理石流动的肌理常被利用作观赏图案。自然材料带来自然却不单调的审美感受，甚至有时设计师会刻意保留其未经加工处理的粗糙肌理。

营造对比

在木材、石材的铺垫后，常常加入少量具有现代感的轻薄材质进行对比，为空间注入时尚感。例如常被使用的镀膜不锈钢、黄铜、铁等金属材质。这些闪亮的人工材质常常用来勾勒空间界面的边缘，或是作为装饰的造型，以凸显细节的细腻精致。而对镜面、玻璃等反射材质，则因其能够模糊界限，扩张视觉空间，获得设计师青睐。

运用多元

通过材料的运用，设计师在空间中创造了多元的感受，细腻与粗糙、高光与亚光、轻薄与厚重、天然与人工，这些具有不同性格的材料在空间中对话、碰撞，使空间内涵丰富且精彩。

”

粗砺与温润之美

木石之间

设计公司：近境制作
主设计师：唐忠汉
摄影：岑修贤摄影工作室
项目面积：198m^2
地址：中国台湾新北市

主题风格：轻人文风格
户型格局：两室两厅两卫
居住成员：两个大人两个小孩

主要材料及工艺

石材、金属、木皮、镜面

设计亮点

本案是以木材、石材为主打造中性化的室内空间。入口处的玄关浓缩和展现了空间材质的诗意，在多种材质的配合下熠熠生辉。地面上如水波流淌一般的大理石肌理，将视线引向景墙粗糙天然的木纹肌理，都流露出对原始本真的向往。右侧镜面的使用，扩展了视觉空间，也将地面大理石的“水波”延伸到墙面。客厅背景墙大面积使用的垂直拼花灰色大理石，肌理相对弱化，但依然流动，为客厅带来生动的气息。客厅上方的大梁底部粘贴黑镜钢饰面，反射空间中的物体，弱化了梁的存在感，丰富了空间层次。客厅吊顶采用比地面稍浅些的木色，总体来说，木饰面在公共空间中占了很大的比例。卧室的浅色布面硬包与白色大理石一改客厅的厚重感，使人能够清爽入眠。

设计说明

空间顺应了建筑的样貌。从空间的结构说起，切断与整合空间的思考，让结构成为空间的印记，紧扣着分割的基准，呼应构成空间建筑的元素。

闲居木石同，无所可要求。繁都生活中，留心在初衷。创造己居所，为求此愿留。

让生活停留片刻,知道自身已安命。由此反推设计,从单纯的空间开始。

空间布局

进入空间后，右手边结合厨房制作台摆放了餐桌，形成开放式的厨房就餐区。餐桌后方的墙面被做成收纳橱，简洁的直线整合了墙面造型。客厅空间非常宽敞，沙发放置在中间，形成了环绕式的动线。电视墙与柱子齐平处，打造了壁橱,结合收纳功能，显得简明、干练。在南侧，书房挨着客厅，拥有很好的采光。在平面布局上，门与门的距离和安放位置都很考究，动线不会互相干扰。

质

天地水平延伸温润之木，限界垂直流水之石。廊道地坪之石隐喻为川，镜面反射使其流水延伸流动。

域

空间为框，艺术为景，借由材质线条延伸界定场域，框体之中自成一景。

光

自由动线的无缝串接，吸纳所有可能的自然光线，使空间量体与光线层次因时间变化展示出不同的生活面貌。

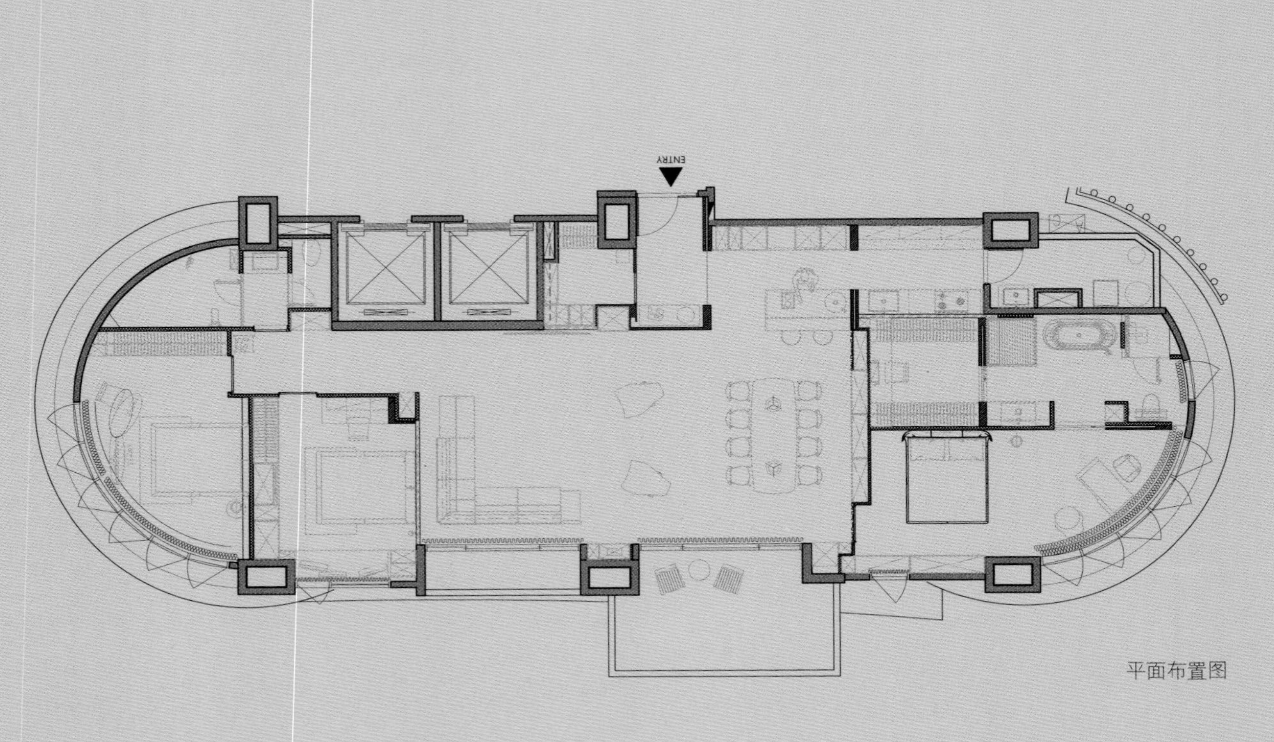

平面布置图

软装配色

客厅空间中的色彩主要是暖灰色，以设计师选用的石材和木材的本色为主。客厅地面的木色最重，其次便是天花板的木色。浅灰色的墙面镶嵌于本色之间，带来包覆的感受。卧室的主体色调则不像客厅那样浓厚。偏冷的浅灰色布面硬包，白墙、花白大理石，营造了宁静的氛围，使人能够安心入眠。风格极简、线条流畅的家具也与主体空间相得益彰。

质域

木石之盟

设计公司：近境制作
主设计师：唐忠汉、高彩云
摄影：岑修贤摄影工作室
项目面积：174.9㎡
地址：中国台湾台北市

主题风格：轻人文风格
户型格局：两室两厅三卫
居住成员：一对夫妻

主要材料

石材、镀钛金属板、木皮、镜面、铁件

设计亮点

材料以石材、木材为主，加入镀钛金属板提高空间的时尚感，在空间的沉稳色调中增添了动感。

电视背景墙强烈的视觉吸引力来自于花岗岩的粗犷质感。设计师将石材未经打磨的肌理展示在空间中,给人自然放松的心理感受。

入口玄关与餐厅地面采用浅灰色石材，耐磨且隔绝灰尘。餐厅上空吊顶的木饰面与客厅的木质铺地起到平衡空间重量感的作用，使得客厅左右两侧形成反转镜像一般的空间。

多处使用的深色镀钛金属板则又局部地打破了这种平衡，在多为亚光的材料中间反射光线。

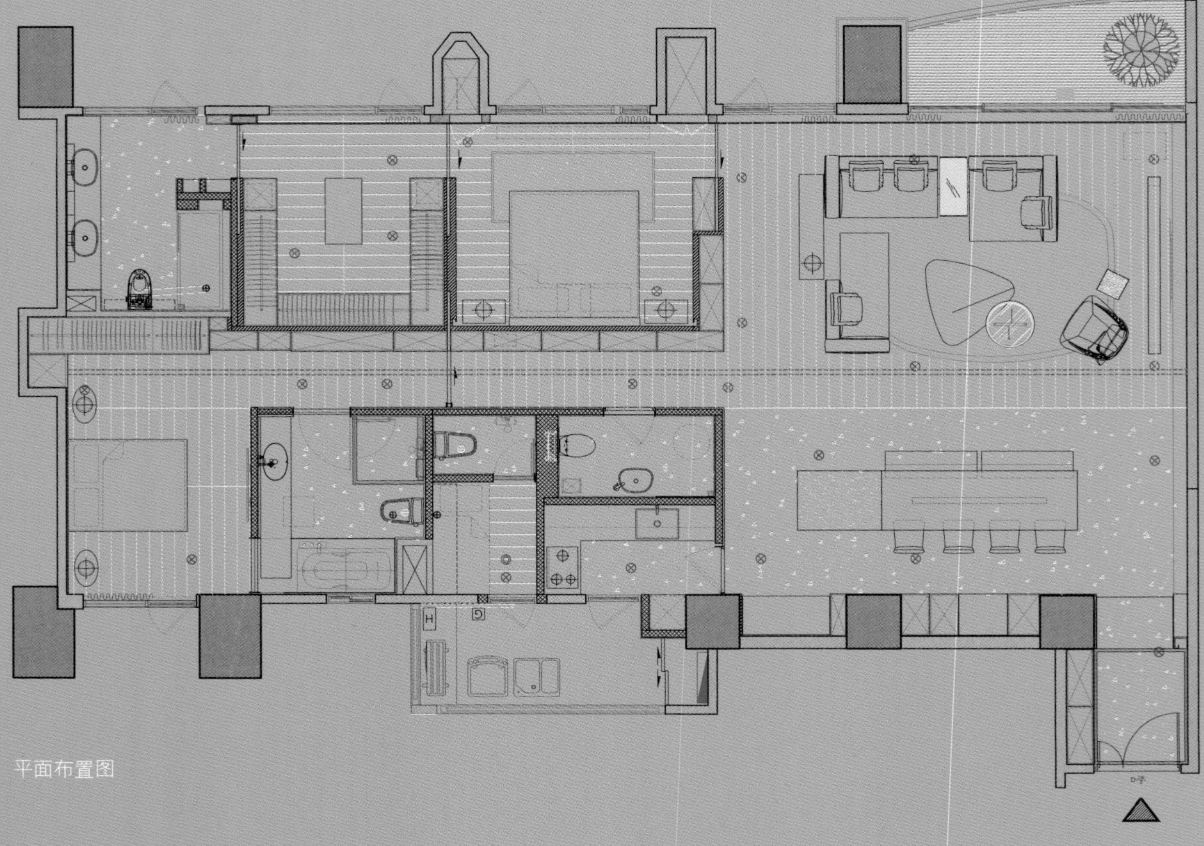

平面布置图

空间布局

空间布局如同装饰风格一样简洁、明确。走廊贯穿了整个空间，将卫浴间与餐厅等使用率较低的空间设置于光线较弱的一侧，光线充足的一侧则排布了起居室与卧室，整体划分明确、利落。不同功能的空间，利用材料在视觉上加以区分，通过块面材料的变化界定出不同空间。

Corporate Interiors

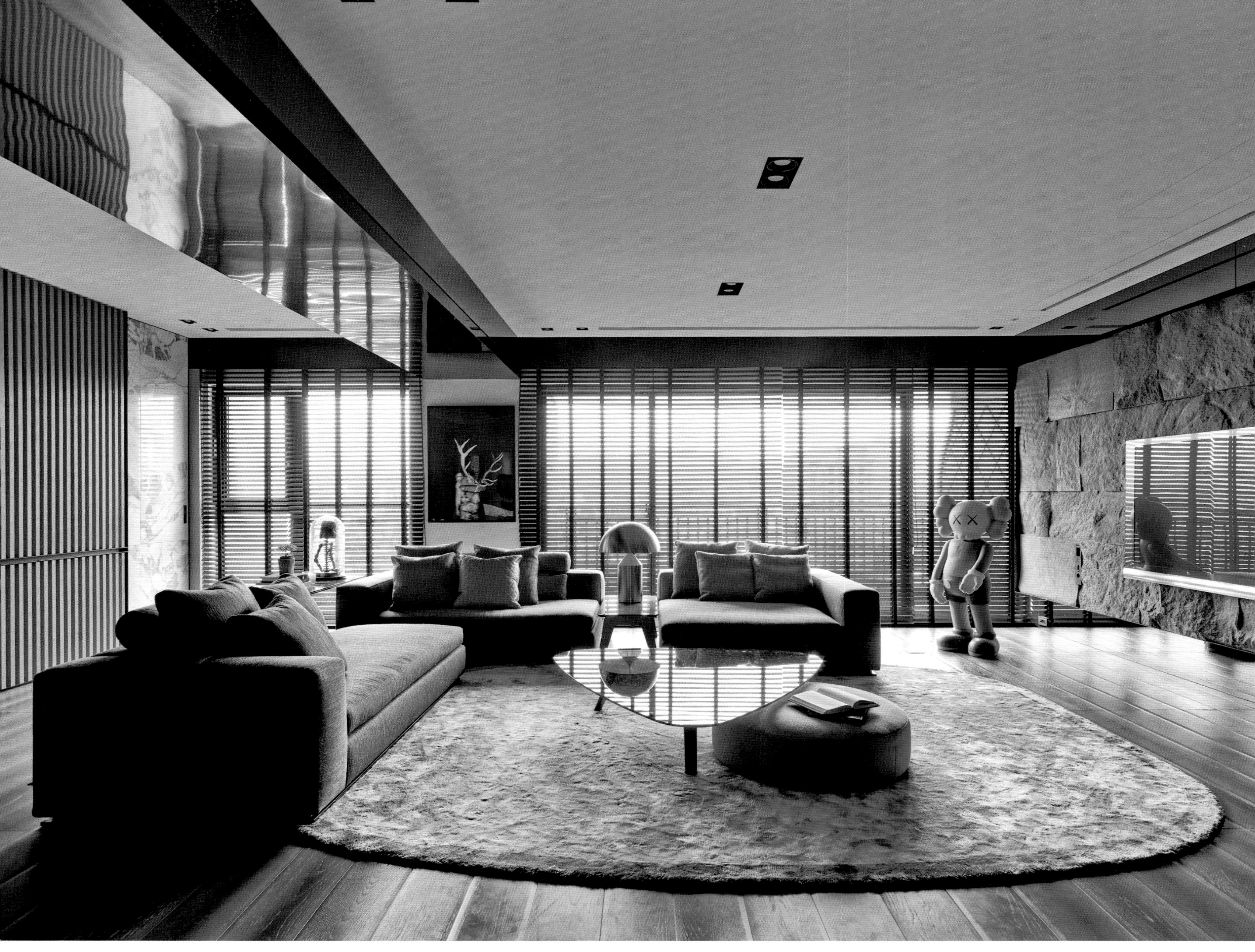

设计说明

用材质的语汇界定空间的量体。对比量体错落交迭，沉稳与律动相互交融，线条贯穿、延伸，平衡空间的重量感。

场域界定

两空间量体相连，使开放场域自然而成。以材质的线条与灯光划分空间量体，在原本一分为三的空间场域中形成另一独特区域。

量体划分

空间一分为二，一边以单一素材和建筑手法延伸空间深度；另一边以材质渐变的方式减轻量体的存在感，暗喻出空间的界定。错落的光与影让空间的本质交错流动。

引光入室

光：主空间在规划上运用地基条件，采用垂直动线，引光入室。
影：延续性空间，灯光通过材质，错层散布在空间之中，反射的光与影，营造出空间的趣味性。

质

空间以石、木润色，镀钛金属板包覆强化空间。通过反射性材料，延续材料本身的质，因反射交迭，传递空间多变的生活。

软装配色

客厅空间呈现出黑、白、灰的色彩基调，木材、石材选用的都是灰度较高的类别。而卧室风格一改外表的"冷酷风"，暖灰浅色石材与木材搭配，营造出温馨的室内氛围。灯具与家具也都选用线条简约、质感考究的产品，没有过于复杂的装饰。

光线运用

设计师将动线垂直光线分布，使自然光线尽可能地散布进每个功能区。客厅上部垂直贯穿的光带起到装饰和指引方向的作用。悬挂的电视墙通过下方的光带减弱其视觉重量，使其具有悬浮感。卧室床头背景墙与其他墙面衔接处留有细细的灯槽，光线柔和地散布在布面硬包上，极具表现力。

灰度人文雅宅

遇见优雅的Mr.庞德

设计公司：惹雅设计
主设计师：张凯
地址：中国台湾

主题风格：轻人文风格
户型格局：四室两厅
居住成员：一对夫妻两个子女

主要材料及工艺

石材、木饰面、钢材、玻璃等

“

设计亮点

客厅的软装配饰选择了多种材质进行搭配。电视墙采用带天然纹理的大理石，具有现代主义风格的坚硬与肃静，同时自然纹理又带着生机与活泼。客厅正中的地毯则是立体毛绒质地，搭配布艺沙发，为空间营造出几分柔软温和的暖意。几何抽象形态的金属吊灯和镶嵌拉丝金属质感的墙布，营造出现代科技感的格调与优雅灵动的气息。整体空间通过不同材料之间质感、肌理与温度的变化与对比，展现出丰富的层次感与视觉平衡。

”

设计说明

遇见优雅的 Mr. 庞德，如同万宝龙 (Montblanc) 的传奇工艺，我们以雅痞之名来挥霍创意．马鞍工艺作为空间的灵魂序曲，充满秩序的线条，是空间中灵活而沉稳的舞步表情。在皮革与粗犷原石的相互碰撞中，极具冲突性的视觉样貌，不安分地、此起彼伏地跳跃着。

当秩序性的铁艺框架划入时，整个空间回归到一种平和的深沉状态，设计意图强烈而且分明——在于企图激荡出一种新型态的和谐样貌。这样的和谐关系来自设计者解读生命和对于未来的期望，以及空间主人对于现今状况的反馈。这些种种的意念，经由反覆的逻辑思考、整理与解读，演化成了理所当然的雅痞之轻人文风格。

创意造型

餐厅功能区设计了一面具有创意的浅隔断屏风，下部分靠近地面的位置是灯盒，上部分由平行的几何型木条组成隔断。木条的宽窄、面积各不相同，是典型的构成主义风格的体现。浅隔断屏风的另一面作为餐厅休闲区的电视墙。整个隔断没有浮夸的造型和样式，通过几何线条的排列与整体空间的线条相互呼应，体现出设计师的匠心。浅隔断屏风的设计既通透又起到了暗示空间分割的作用，同时还具有实用性。

空间规划

为保证卧室空间功能的充分发挥，设计师将床打造成空间的主角，其他家具尽可能精简、有序。在储纳收藏的部分，设计师巧妙将柜子和书桌隐藏到墙内，关上推拉门的时候，整个卧室显得清爽又宽敞，没有多余的棱角。而打开这面推拉门，两侧不仅是隐藏的收纳空间，内部还有一个小小的学习区域，一张书桌一把椅子都是为这个空间而量身定做的。因此，在整个卧室的空间规划上，设计师通过精妙的安排将生活的琐碎都“隐藏”起来，既合理又实用。

写意空间

舞墨

设计公司：惹雅设计

主设计师：张凯

地址：中国台湾

主题风格：现代人文风格

户型格局：两室两厅

居住成员：一对夫妻

主要材料及工艺

大理石、木饰面、铁件等

“

设计亮点

该空间的设计师充分发挥天然材质的优雅与灵动，打造出行云流水般洒脱的写意空间。在起居室里，设计师采用了颜色不同的大理石与原木搭配，将两种材质的墙面统一在空间里，一柔一刚相互平衡。起居室里的电视墙采用的大理石因厚度不一拼接成凹凸的表面，具有丰富的纹理变化和层次感，仿佛一幅值得深究的水墨画在墙上徐徐展开。相连的餐厅另一面墙壁被设计为隐藏的储物空间，柜门采用富有木材纹理的实木面板，通过木纹的自然演绎与大理石墙面相得益彰，体现出设计师的别出心裁。

”

设计说明

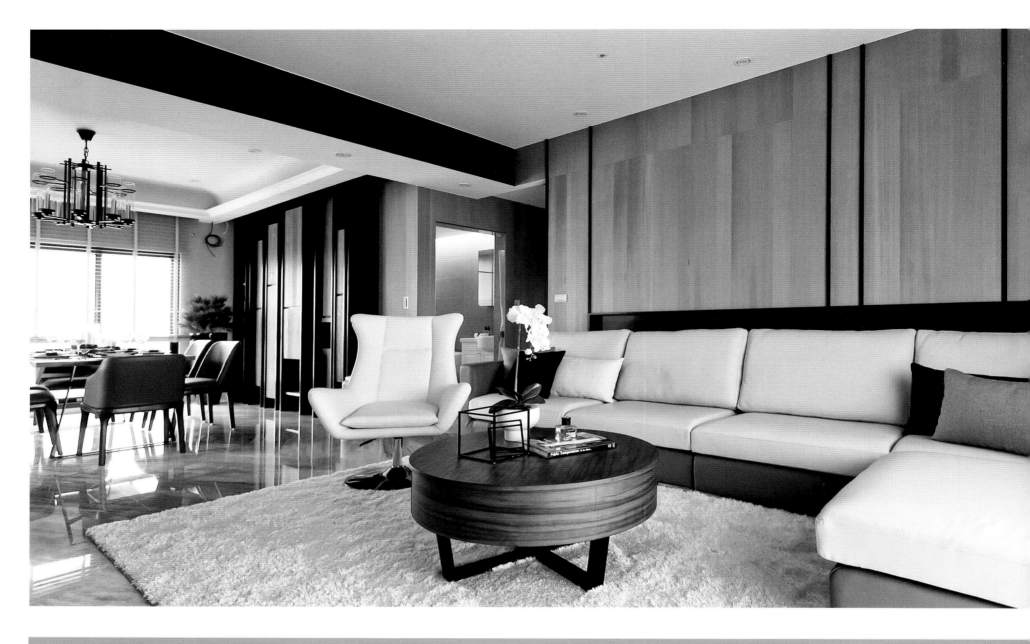

以石纹为墨，泼洒于大幅墙面之上；以铁件为框架，为居室空间绘制一道艺术表情。舞动于墙面上的不安分的大小方块，前后此起彼落地演奏出一首美妙的旋律，一场华丽而低调的人文展演，跃然于寻常清闲午后的那一道墙面上。

餐饮空间延续客厅的旋律，在直立的墙面上跃动，让温润而质朴的原木肌理与黑色框架搭配出最和谐的律动。

设计师将电视墙以缜密的比例来重新切割分配。高低不平的电视墙，让石材的纹路随着凹凸造型转折、延续。

该户型整体布局规矩、方正，自然采光非常充足，空间宽敞。大面积墙壁分割出不同的功能区，避免空间内部产生多余的死角。起居室由独立而完整的墙面分割，将用餐与会客休闲的功能分别布置在两侧，充分利用两侧的落地窗带来的自然光线，使功能开放区域更加敞亮，而卧室则显得更加私密。

创意造型

设计师为了增加室内隐藏的储存空间，在餐厅的一面墙壁内部设计了隐形的储物柜。焦糖色柜门镶嵌在深褐色木柜边框里，将墙面分割成大小不一的矩形。错落的柜门和起伏的横线条为墙面增添了跃动的节奏感。搭配餐桌上方的一盏复古烛台样式的吊灯，跳动的烛火好似音符，让空间更加立体与生动，瞬间带来愉悦。

朴境

设计公司：惹雅设计

主设计师：张凯

地址：中国台湾

主题风格：轻人文风格

户型格局：四室三厅

居住成员：两大人两小孩

主要材料及工艺

木材、大理石、钢材等

设计亮点

该户型的室内设计中，多种材料混搭运用，使室内装饰效果丰富且充满变化。在客厅的过渡灰空间处，设计师主要结合运用了木材与石材。楼梯右侧的置物柜设计以密集的细竹条作柜门，保持了收纳空间的隐秘性，同时密集的线条丰富了空间的视觉效果；楼梯左侧围合的墙面由粗犷的文化石堆砌而成，以原生态展现在人的眼前，与大理石地面、木质楼梯和细竹条装饰的柜门相互呼应，自然之感油然而生。

设计说明

朴境

拂去尘嚣喧扰，回归心境。

山林景致悄悄引入居所空间。

刻意简化的铺陈，引导浮动的心灵慢慢沉淀与静逸，将墙面表情回归到材料的初始状态。笔直高耸的粗犷石材山壁，俨然撑起建筑空间挑高的顶棚。

餐饮空间——聚焦所在。

各个不同大小、前后凹凸错落的原木柜体，是一个家庭聚合的象征。如同堆砌家人的生活片断，来自家庭成员的不同生活经验，可以恣意收藏于此。

创意造型

餐厅处的形象墙，由若干矩形实木以“回”字形在墙面拼凑而成。体量较大的木块之间留有镂空的缝隙。这些凹凸不平的木块组合的墙面，具有新奇创意的装饰方法，给人带来强烈的视觉冲击力以及回归自然、返璞归真的直观感受。同时，实木装饰的墙面提升了空间品位和趣味性，与矩形的实木吊顶和实木长条形餐桌相互呼应，使整个餐厅氛围和谐、自然。

空间规划

卧室设计合理的划分了功能区。居住者在卧室的中心活动就是睡眠。因此，卧室处于空间相对稳定的一侧，以减少外界对睡眠者的干扰。多余的收纳功能都隐藏在墙内部。例如床左侧墙面内设计为衣帽间。卧室电视墙的内侧为主卫。床头的背景墙通过向前推进，留出一部分收纳空间，"隐藏"在墙内，使整个卧室显得规整又清爽。卧室的采光，除了自然光以外，灯具多以射灯和灯带作为局部光源。夜暮时分，通过镶嵌在床头背景墙内侧的灯带以及台灯等分散的局部光源，轻松营造出温馨、静谧的睡眠氛围。

山居幽情

臻邸—敘隐台中

设计公司：大雄设计
地址：中国台湾

主题风格：轻人文风格
户型格局：两室两厅两卫
居住成员：一对夫妻

主要材料

大理石、木饰面等

设计亮点

该户型的设计亮点在于多种材料的混搭运用非常出彩。设计师大胆使用了大面积大理石拼接的墙面，而这些天然石材的纹理分明，颜色对比强烈，使墙面形成层次分明的波浪起伏纹理，仿佛中国画里写意山水的洒脱奔放，给人极大的视觉冲击力。为了平衡大理石墙面的纹理，设计师还设计了小面积木板拼接的墙面，通过工艺手法将木板只作为波浪起伏的表面，相互拼接，使墙面本身产生起伏，与大理石纹样相互辉映，形成丰富的空间效果。

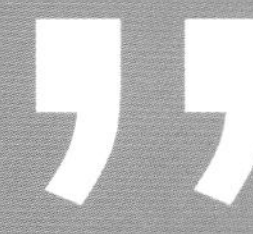

引景入室

起居室本身有两面巨大的落地窗，足以带来良好的自然采光。沙发背后的大面墙壁通过带有起伏纹理的大理石拼接，看似自然形成，实则经过缜密的考量。大理石天然起伏的山水纹理表现出深沉的美感，与窗外远处连绵的山脉遥相呼应，仿佛美景由外而入，形成与空间里的山水纹理相互联接的自然状态，展现现代艺术与自然美景兼具的独特品位。这面大理石装饰的沙发背景墙成为起居室空间最具分量的独特艺术品。

设计说明

眺望远方疾驶而过的车阵,向晚黄昏,阳光洒落木格栅。大理石的特质,引户外景致流入室内,沉稳的木质收敛了磅礴的石纹。在光辉映照下,感受材质本身的艺术之美。Minotti 的家具配置,更添增了人文气息。空间中没有电视,诗性沿窗流动到了 B&O 音响,经典歌曲从这里发散,延伸到了开放餐厅与厨房。简约的生活方式,高质感的居住质量,展现的是与环境对话,退一步省思生活本质及开阔的人生胸怀,家的故事从居住者开始写起。

后记

来听首老歌吧!走进屋内,感受到的是业主的品位与优雅。 此案例为我们打开台中领域的新乐章,从"复述"概念中抽丝剥茧,诠释都市与自然、本质与奢华的对话。磅礴的大理石搭配的是留白的墙,坐在家中眺望的是辽阔、宁静的湿地。让我们在生活与自然之间找到恰如其分的平衡。

动线设计

整套居室落实了建筑室内简约、现代的设计概念，让客厅、餐厅、厨房采用开放式格局，界定而不区隔，放大空间尺度。餐桌后面设计了一面书柜，餐桌既可以用餐又可以用作阅读、工作，创造出复合式生活功能。卧室虽然与客厅以有形的门隔离开来，但一旦把门打开，视野即可毫无阻拦，一路穿过客厅直抵餐厅主墙。

创意造型

由于起居室较大，是综合了会客、工作、餐饮及备餐的多功能为开放式空间，因此设计师独具匠心地设计了木质浅隔断屏风并贯穿起居室，将此屏风用作一个空间元素重复，从而形成围合又统一的室内风格。由几根相对较细的木条重复排列而成的屏风，穿插在各个功能区域界限的位置上，界定而不区隔，依旧保持起居室的开放式格局，但又别具一格地起到暗示空间功能的作用，独具创意。

樸素

帝之苑张公馆

设计公司：天境空间设计
主设计师：蔡馥韩、江怡姈
摄影：刘俊杰
项目面积：297m²
地址：中国台湾台中市丰原区

主题风格：现代人文风格
户型格局：五室三厅两卫一厨
居住成员：两个大人两个小孩

主要材料
木皮、油漆、进口壁纸、大理石石材、裱布、皮革、铁件

设计亮点

材质的运用在高品质设计中愈发被重视。在此设计中电视背景墙泼墨的大理石肌理的选择别具匠心，自然流淌的纹路为空间增添了流动性与生机。空间整体以多种石材和木材为主要装饰材料，并点缀以黄铜、皮革、布料等材质，通过亚光喷砂木皮与高光泽度大理石形成质感的对比。厨房墙面为灰调的木皮并镶嵌黄铜把手。操作台前方小面积的镜面拼花与餐厅不锈钢吊灯反射并丰富着空间。卧室墙面采用绷布，通过色度相近材质的搭配与自然材质原色的保留,空间色彩呈现出暖灰色调。如此一来，偏冷色的自然光线照入室内显得更为清新、珍贵。局部艺术品以及布料的选择，采用了高纯度色彩，又在灰度的空间中点燃了气氛,使其沉稳又具有活力。

Asian Interior Design

设计说明

空间本身条件良好，功能与形式的结合成为了设计关键。在简约元素中，从马赛克、石材、木地板到皮革的运用，以多样的材料打造整体气质。天花板用金色线条勾勒出强烈的气场。与居住者接触最多的软装，则选择了当代设计与趣味性兼具的实物搭配，创造出高时尚品位的空间。

创意造型

室内空间整体块面简约明朗。公共区域采用大量通顶的橱柜作为装饰的主要元素。橱子局部刻意做了斜角，橱面分仓线条的重复勾勒形成秩序感，也隐约渗透出东方气质。而开放式的厨房、皮质家具及静卧在餐桌上的那只菲利普斯塔克设计的经典榨汁机则闪烁着现代气息，激发了东、西方元素间的美学对话。

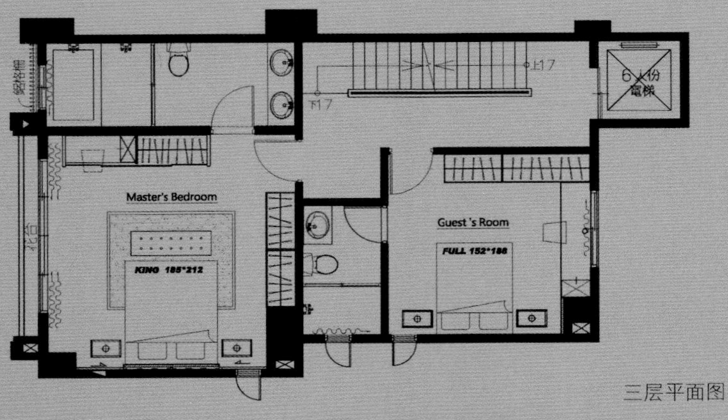

三层平面图

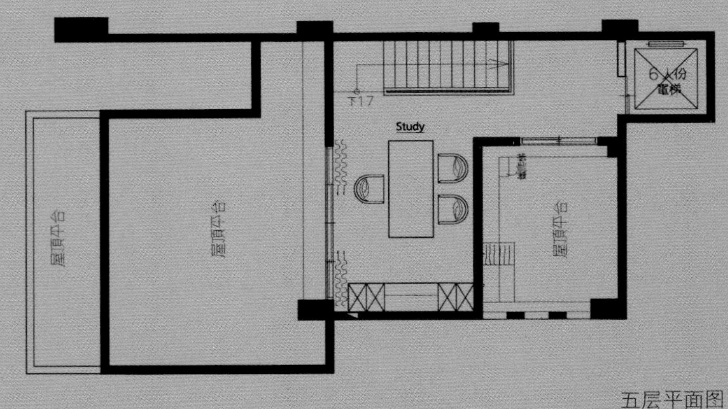

五层平面图

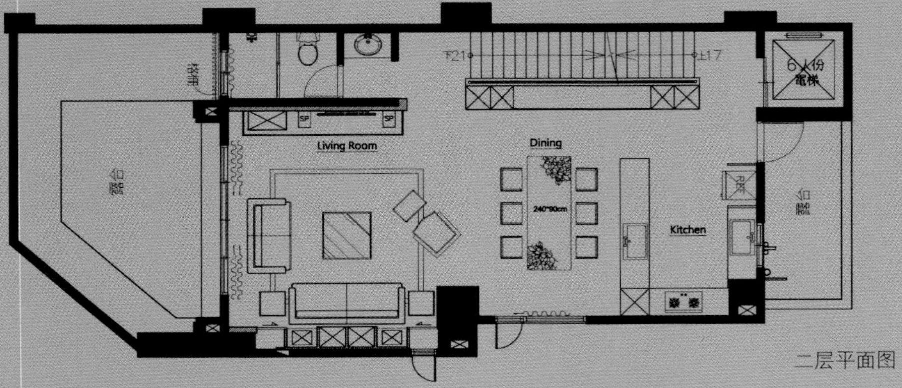

二层平面图

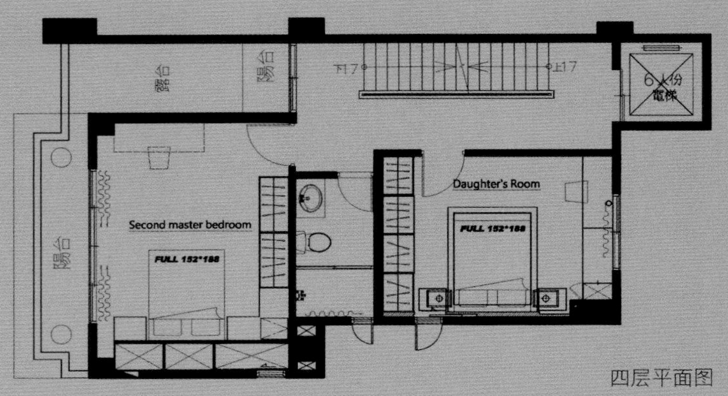

四层平面图

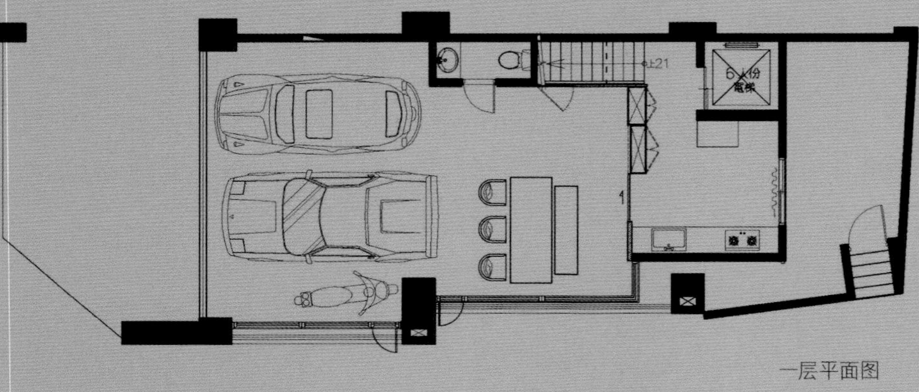

一层平面图

空间规划

空间利用与设计风格一样要求舒适、明确。设计师将最好的阳光和景色让给卧室与起居室，人员流动性较强的电梯、楼梯与卫浴间则分布在光线较弱的位置，功能集中动静分离。起居室与餐厅、厨房的贯通，使得视线不受压迫地延伸至窗外，空间显得更为开阔。次卧中床头柜、墙面以及衣橱打造成一体，增加了连贯性和趣味性。其他卧室局部利用原结构的柱角靠窗打造了书桌，使得空间更整体、大气。

创意造型

卧室墙面背景通过硬包做成屏风的形式，并装饰了细线。墙面分缝线的比例推敲，体现了设计师对细节的关注。空间内部利落的线条与柜体交错、棱角分明，透出硬气，而多处的局部重点照明，又淡化了规则和界限，体现出空间兼收并蓄的多元性格。

水墨清华

精锐音乐厅

设计公司：天境空间设计
主设计师：蔡馥韩、洪慈涵
摄影：刘俊杰
项目面积：165m²
地址：中国台湾台中市西屯区

主题风格：现代轻奢风
户型格局：三室两厅两卫
居住成员：两个大人一个小孩

主要材料
玫瑰金镀膜不锈钢、大理石、铜条、木皮、皮革、薄石板

“

设计亮点

本案例主要用材有桧木喷砂木皮、大理石、玫瑰金镀膜不锈钢、铜条、皮革等。入口玄关处利用大理石结合镂空镀膜不锈钢做了一面别致的景墙。大理石上呈现出特殊的泼墨肌理，宛如一幅有意境的画作，体现出空间蕴含的人文气息。厚重的大理石与轻薄的镀膜金属形成微妙的对比关系。同样采用大理石的墙面还有电视背景墙，由于其功能主要是起衬托作用，所以选择了肌理稍微弱化一些的大理石作贴面，拉开主、次空间。

”

设计说明

此案用了大理石、铜条、桧木喷砂木皮、白色马鞍皮革、薄石材、玫瑰金镀膜不锈钢，每种材料皆能窥得其颜色温润与一份无娇柔造作的质感美。设计师运用了这些元素去激发一种对话。

玄关端景墙用缜致、醇厚的石材，搭配半穿透镀膜激光切割造型、呈现奢华的感觉。布质吊灯配上墙面泼墨主墙石材,玄关地板以三种石材做拼花，促成一种有层次感的美。

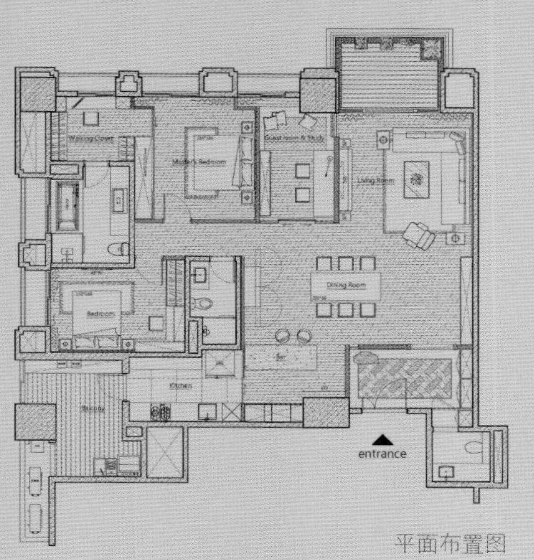

平面布置图

动线设计

一进门的玄关隔绝了室外的喧嚣与灰尘。穿过玄关便可以看到开敞的起居空间，客厅餐厅与露台的贯通使空间非常大气、明亮。紧接着是书房，通过半透隔断朝内看，书桌一直延伸，与书橱通过一个榻相连接，成为一个整体。主卧在空间最里面，此时空间已经完成由入口向内部空间逐渐私密、安静的过渡。

主卧室内嵌套了衣帽间，穿过衣帽间进入淋浴间。衣帽间预留的窗户保证了良好的通风、采光，使潮气能够及时散发。客房紧挨卫生间，使用起来更为方便。

客厅背墙以金属铜条搭配桧木喷砂木皮，分割画面的设计勾画出鲜明的线条。侧边展示柜以桧木木皮为基底，搭配仿古镜及版岩作为饰品陈列。客厅电视主墙石材营造稳重气息。石材细部局部 V 形沟显现细腻的手法，使客厅空间更有气势。书房的拉门延续玄关的镀膜激光切割造型，以通透的手法处理空间，使人没有压迫感。书房具有多种功能。客房中设有单人卧室榻。温润的喷砂木皮搭配玫瑰金镀膜不锈钢，描绘一种时尚而兼具休闲格调之室内美学，易于与空间中配衬的家具激荡出一种温馨、精制的氛围，营造出舒适的谈话一隅。

餐厅红酒柜里收纳红酒杯、咖啡杯、盘子和家电，关起来则变成行李箱。本案以 Mini bar 五星级的概念为主，让业主回到家便沐浴在一份休闲生活的步调中，啜饮水酒享受悠闲时光，其乐融融。165m^2 的空间让客厅、餐厅、书房具有开阔的感觉。厨房拉门隔绝快炒区及吧台轻食区。客房床头线板造型延伸到天花板，让空间不沉闷。不单是客房，设计师也注重书桌、衣柜的功能完整性，书柜层板考虑到承重的问题，刻意做了45 度斜角的设计，满足了审美需求。木作柜体以线板的概念呈现细腻的收边，另外挑选有质感的配件来搭配空间，突显活泼的感觉。主卧室主墙以画框绷皮革与车缝线勾勒出俨如高级定制服装般的精致感。两侧床头以镜面吊灯做搭配，增添时尚的韵味。床尾以钢刷处理的木皮作基底，连贯性的分割设计将进入更衣室的拉门隐藏，奠定了空间的自然底蕴 。

创意造型

如同华美乐章一般的韵律是本案例造型的主要基调。特殊的半透屏风尤为别致，采用玫瑰金镀膜不锈钢板，并镂出长短不一的长方形孔洞，仿佛音符在跳动，展现出如同音乐旋律一般的节奏感。沙发背景墙、卧室背景墙也经过了精心处理。沙发背景墙用铜条在木材上横竖勾勒，划分出大小不一的方形图案。

创意造型

主卧室背景墙采用绷布硬包的方式打造，如同画框镶嵌一般。对墙面进行了赋予节奏感的划分。而次卧床头背景墙的白色线条，也同样律动着向上延伸，为空间带来生机与活力。

软装配色

“

纯色点缀

由于台式住宅空间中木材的比重很大，所以呈现出的主色调多是自然而温和的木色带来的暖色。在色彩的搭配上也常常使用森林绿、咖啡色等大地色，给人温和、平静的力量之感。为了增加空间中色彩的丰富性，设计师还常常加入小面积的纯色或亮色作为点缀，由于对于亮色比例的控制，使得空间活泼而不躁动，人的心情也随之变得开朗。

协调统一

家具的选择与空间的整体造型格调一致，柔软温馨的空间在选择软装家具时，也注重其舒适的质感，并常选用弧线与曲面造型的家具相配合。而笔挺稳重的空间所选用的多是线条硬朗利落、造型简洁大方的家具。

时尚多元

配饰作为空间的点睛之笔，也经过设计师仔细斟酌。空间中常常放置一些时尚的摆件，多为主人喜好或是大师的作品，一方面彰显主人的性格与品位，同时也为空间增加情趣。灯具更是几经筛选，设计师甚至会自己设计符合空间风格的灯具，凡是有造型的灯具都与空间的气质相辅相成，为空间增色。

”

赋彩华章

重彩

设计公司：水相设计
主设计师：李智翔、吕思亭、陈皙
摄影：李国民
项目面积：76 m²
地址：中国台湾台北市区

主题风格：现代时尚风格
户型格局：一室一厅两卫+厨房+餐厅
居住成员：单身人士

主要材料

铁件、金属网、石材砖、沃克板、镜面、细纹玻璃、木皮

“

设计亮点

空间中主要使用了橙色、蓝色、玫瑰金色三种高饱和度色彩。书房利用墙面、地面、天花板与灯具的橙色，围合成一个热情洋溢的小方盒子。入户门和客厅中可开启的背景墙则刷成了蓝色。在空间中两种互补色碰撞在一起，带来活跃的视觉效果。同时也搭配黄色、绿色、紫色的小家具，多彩的空间让居住其中的人的心情也如同彩虹般绚烂起来。厨房运用了高贵的玫瑰金色，显现出空间的洁净与优雅。这些色彩在天花板大面积的白色与地板大面积的浅灰色中，被有条不紊地统一起来，显得艳丽而不躁动。

”

电视墙概念图

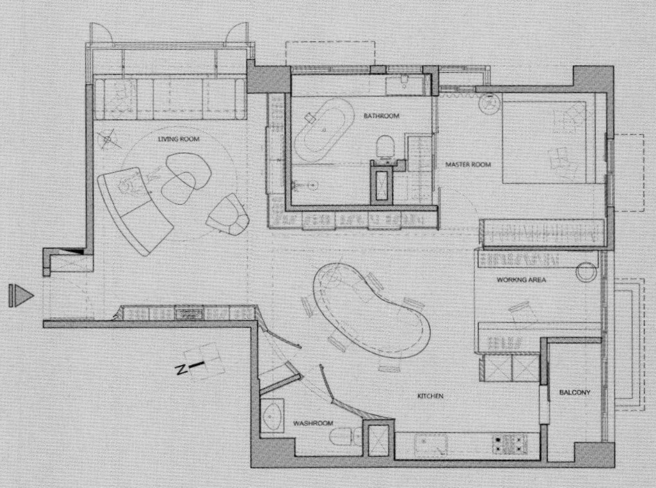

平面布置图

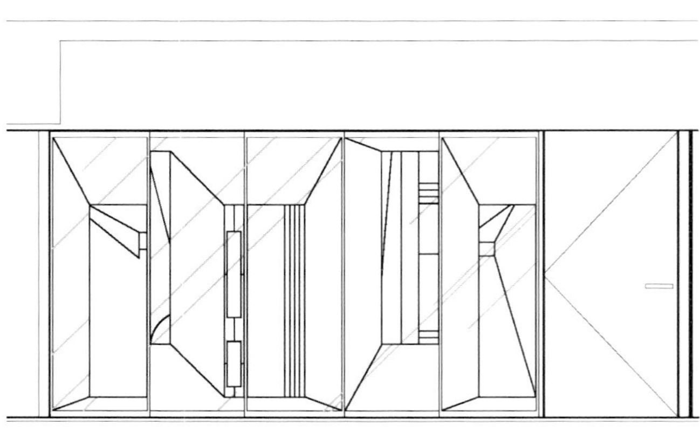

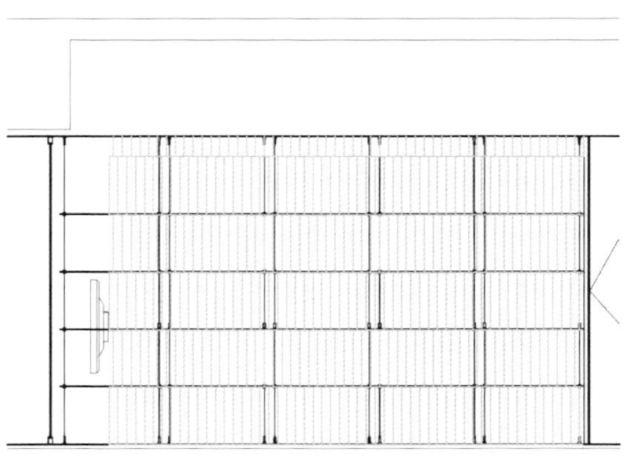

客厅立面图 1

设计说明

衣物纸样是服装设计师想象空间的陈述、制衣的草本。为呼应年轻女业主留法服装设计师的身份，汲取纸样线条而成就设计灵感。打板线描下的折叠扭曲，在书柜与天花板之间转化为铜线的利落排列，一如服装图纸。

制衣的媒材是衣料，吸取蕾丝、绫罗的纹理、与书柜金属 mesh 网格、玻璃镜面之虚实相映，延伸出玻璃与板岩砖墙的相对，创造再转化的别有意趣的视错觉效果，适应业主喜翻阅浩繁服饰藏书的习惯。如衣物之于饰品，柜体设计元素包括领结、皮带等，将具象消隐至抽象、极简，装饰成为柜体与空间的精致细节。

灵感撷取时尚插画大师 Rene Gruau 之作，反映着法式用色之活泼大胆，成为空间色调的来源。温暖橘色书房、静谧蓝色客厅与华贵金色厨房彼此相搭相应，以鲜颜重彩、大面积的色块律动及几何趣味拼接，与线性装饰搭配出优雅韵味。如不对称的时尚解构，餐桌桌脚定制如缝纫机，打破经典平衡，充满服装设计潮流的实验派性质。

材料运用

先来说反光材质，首先空间中多处使用了玻璃材质，例如闪烁的玻璃柜电视墙与蓝色壁橱的镀膜玻璃门，与主卧相连的大浴室也采用墨蓝色玻璃移门，使得光线能够更好地穿透。同时也采用了多种瓷砖，厨房、淋浴间，每处瓷砖选样都不同，在细节处增加了设计的丰富程度。亚光材质主要是木地板和涂料，浅色亚光木地板为空间中加入了温和的元素。

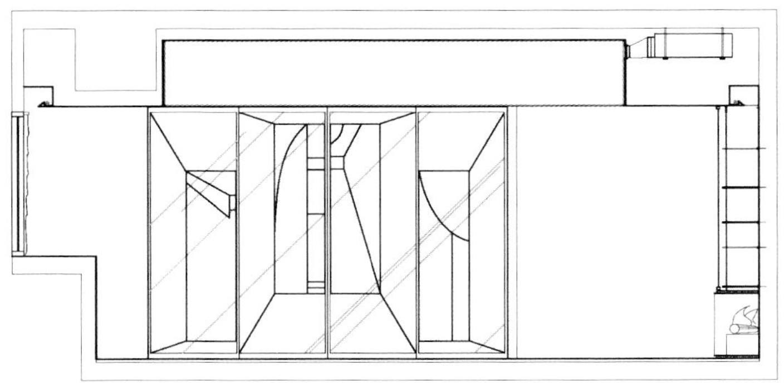

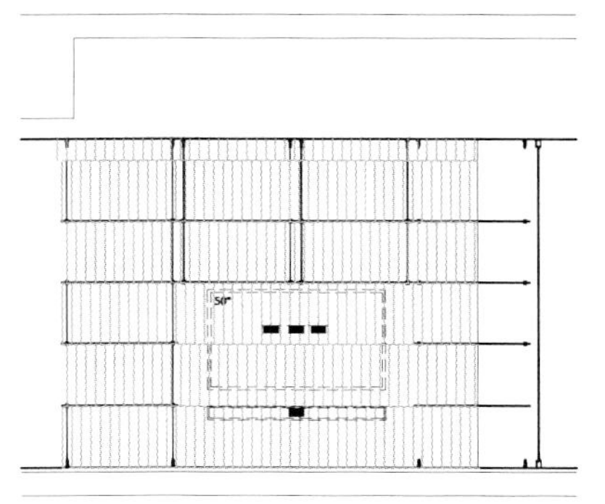

客厅立面图 2

创意造型

电视墙被打造成造型精致的玻璃展示柜，古铜色的不锈钢将其竖向分割，整体形态顺着墙面做了 L 形转折。光线从电视墙上方洒下，把玻璃照的晶莹剔透。不使用时，关上展柜玻璃，电视机也犹如美丽的工艺品，与其他物品一起静静安置在玻璃柜中。由客厅过渡到餐厅的位置，墙面突然柔软，出现了弧面造型，配合餐厅上方大大的圆形吊顶，与精心设计过的小车餐桌搭配，整个用餐氛围变得轻松而温馨。

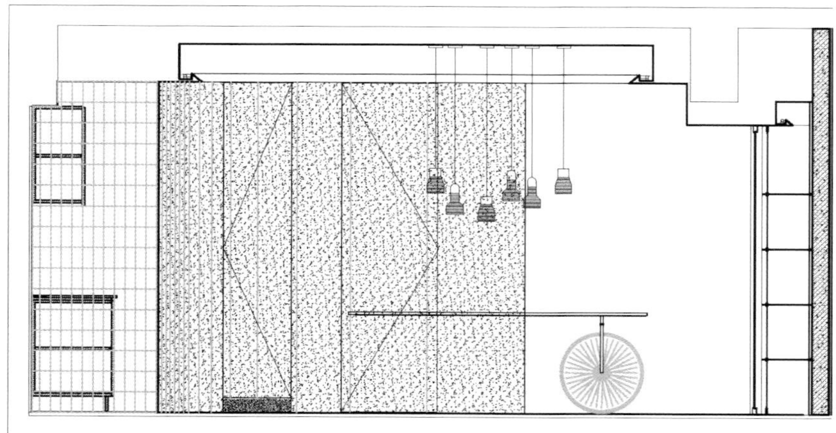

用餐立面图

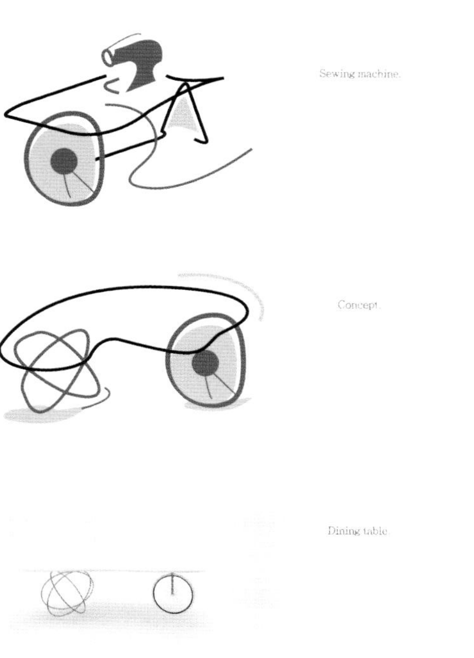

餐桌概念图

水墨轻雅宅

中介

设计公司：大雄设计
地址：中国台湾

主题风格：现代简约风格
户型格局：三室两厅两卫
居住成员：一对夫妻和两个小孩

主要材料
木饰面、大理石、木地板等

设计亮点

设计师对空间整体配色的考量时搭配选择了非常低调的中性色彩，所有颜色饱和度相对较低，比如留白的天花板和墙面，以及大量使用了米色、灰色、褐色等中性色彩的家居配饰。在客厅中央位置的一组组合式皮革沙发，通过几只苹果绿、橘子色、瓦蓝色靠包，蓝灰色和冰蓝色单人沙发的点缀，顿时给空间注入了轻快、明媚的活力与生气，色彩上既低调同时又非常提升空间氛围与品位。

设计说明

纯灰色调材质，戏剧性地存在于空间的每个角度，传达其中不同层次的温度。自然光下的纯灰大理石与金属、石与木，在同属灰阶的不同材质中，多种层次的温度相互碰撞。

理性架构的空间中交织着放射性视觉安排。同属全开放式的平面中，在墙、梁、天花板轴线与灯槽的切分下，空间关系和属性有着明显的区域感。物件与反射中的主角，在玻璃与金属材质特性的约束下，试图去营造虚实的对话。透过光线看过去，主墙书柜有一种独特的漂浮感。在主体与背景之间，书柜的结构与天花板的轴线同时产生相互交应的延伸感。

细腻的工法、材质的搭接，点亮空间的工艺之美，利用光线与颜色，在玻璃与镜面的作用之下，改变材质的温度，在纯灰的基调下创造新的氛围，让物件本身的美好与空间的比例、工艺有了强烈的互衬效果。

蓝绿系列皮制家具成了亮点，在多层次冷色基调中，拥有了不同温度的生活感，通过不同材质演绎，色彩在灰调下更展现其本质与纯粹。

材料运用

该户型起居室的设计里采用了多种材质混合搭配的方式，丰富了空间的视觉效果与用户体验。客厅中心位置的皮革沙发组合搭配大理石茶几与用大理石铺陈的电视墙相互辉映。地板则是木地板与石材结合，根据起居室的功能在会客休闲处使用了木地板，感觉温馨又放松，而相邻的餐厅与开放式厨房则选择了石材地面，既方便清扫又显得利落。在客厅围合的其他墙面，设计师采用了木板铺陈，增添了空间的纹理，与木质家具相互协调。餐厅上方一组球形金属质地的吊灯更显空间的品位，让多种材质在空间中形成统一风格。

创意造型

在餐厅位置，设计师通过一组极具创意造型的吊灯迅速提升空间气质，同时充分运用了现代主义解构手法在空间里形成了点线、面的微妙关系。餐厅墙面选择了木板与镜面拼接铺陈，而旁边还有小面积竖木条依次排列的浅隔断，形成线与面的空间关系。半圆的餐桌椅与餐桌上空球形吊灯形成空间里的点，而这组球形吊灯的制作选择了玫瑰金色亮面反光材质，与墙壁上小面积镜片相互呼应，成为空间里既有创意又恰到好处的点缀。

玫瑰园幻想曲

Chorus 共筑

设计公司：甘纳空间设计

主设计师：林仕杰、陈婷亮

摄影：MWphotoinc/Siew Shien Sam

项目面积：192 m^2

地址：中国台湾新北市

主题风格：现代时尚风格

户型格局：两室一厅三卫

居住成员：两个大人两个小孩

主要材料及工艺

木皮、喷漆、玻璃、铁件

设计亮点

本案中，因为男、女主人皆为律师，所以空间的整体风格趋于简洁、沉稳。出于对女儿的疼爱及考量，家具的某些单品选择了可爱、活泼的粉色、红色系列。下层公共场域，黑色地板决定了空间的主色调，搭配餐厅区域浪漫的粉色、玫瑰红色及洋红色系，让简练的空间多了一些温馨、优雅的家庭氛围。而卧室区域的床品及配饰窗帘采用了柔美的粉色、玫瑰红色及亮紫色，令休憩空间更优雅、舒适。楼梯间，白色调搭配彩色玻璃窗的设计，多了一些童趣，也不失简洁、利落。

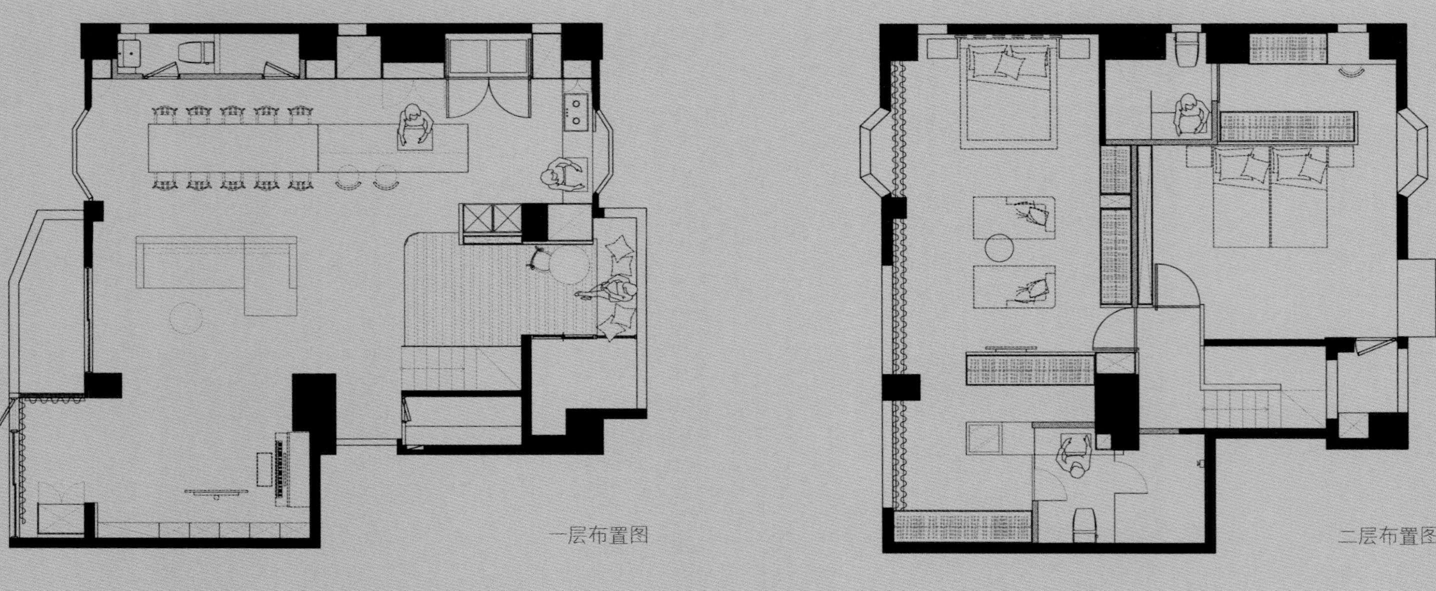

一层布置图

二层布置图

改造的背景

相信对于“家”每个人心中都存有理想的蓝图。本案男主人既有着律师的内敛性格，也具备疼爱妻女的柔情一面，因此他选择妥协，并认同色彩是可以有质感地被呈现，因而选择以粉红色为底来做家具单品的设定，让原本简洁、沉稳的整体空间走向增添活泼的柔性韵味。

此住宅已有 30 年的屋龄，原本为女主人的父母亲所居住，同时也是女主人充满成长回忆的地方。借此设计师保留部分有意义的对象，并将其融入这次的设计思考之中，在延续珍贵的家人情感的同时，赋予空间新的意义。

本屋有跃层的空间条件，因此设计师充分考虑业主使用单纯房间的需求，并以一家人长久居住为设计概念。下层是主要的公共场域，开放式厨房设计结合餐桌成“一”字形状，与后方宽窄不一的主墙面共同展演主人日常的料理生活。

上层为私人空间，仅规划主卧室和一间女儿房，由于女主人从小与妹妹同住，彼此感情深厚，因此她也希望自己的两个女儿同住一房，传承相知相惜的姐妹情感。

设计说明

客厅：面对原有的挑空结构，加上上层的卫浴规划，需加强客厅的结构支撑，立柱恰巧可以赋予一面吸铁墙至顶棚，突显 2.9m 挑高的客厅尺度。楼梯旁为小孩的游戏区，以既有的柱子构成一体两面的收纳墙，分别放置厨房的两台烤箱及女主人的杯子展示柜，灰玻璃柜面恰巧映出窗外的绿意。

厨房、餐厅：由于男、女主人各自擅长制作中餐和西式甜点，因此厨房以两台冰箱分别储放食材。开放式中岛台面与餐桌连接，让主客之间的互动更加直接。由于也邻近女主人妹妹的家，所以两家人平日习惯一同在家中吃饭，厨房和餐厅自然成为拉近家人情感的核心场所。

以水泥粉光来整合木皮和烤漆玻璃，营造不同色感层次的变化，宽窄不一的立面分割让右侧放置冰箱的通风处以线性的设计形式表现。

餐厅主墙右侧主要放置厨房用品及电器，左侧则以门隐藏了一间客用厕所及淋浴间。

收纳设计：依据整体空间的需求，本案有充分的收纳配置可以发挥。除了日常用品之外，女主人偏好收藏杯子，并且夫妻俩都热爱阅读，因此电视墙后方特别设置了一整面的书柜墙。

色彩与软装配置

白色可掩饰不少零碎的区块，而由重至轻的整体配色，从下层的黑色木地板开始，到上层的白色木地板，于黑、灰、白之间置入粉红色调的家具。上层的两间卧室各有不同色系的主题设定。

随着楼梯间所看到的储藏室开口面，因自然光的投入，使连贯楼层的此区域成为汇集空间色彩的焦点。粉红色等不同色彩玻璃片的组合，就像教堂里的彩色玻璃窗，构成一处引人深思的宁静角落。

多元材料

空间中的材料并不繁复。深灰色的超耐磨木地板使空间氛围变得沉稳。开放式厨房后方的壁橱使用了略带金银色的艺术漆饰面。吧台对面的收纳柜表面采用镜面材质，一方面使空间显得更大，另一方面反射了由窗户射入的光线，让空间变得更明亮。楼梯间上方，一条条彩色镀膜玻璃分割了大窗，在墙面上投下可爱的光影，让人的心情也绚烂起来。

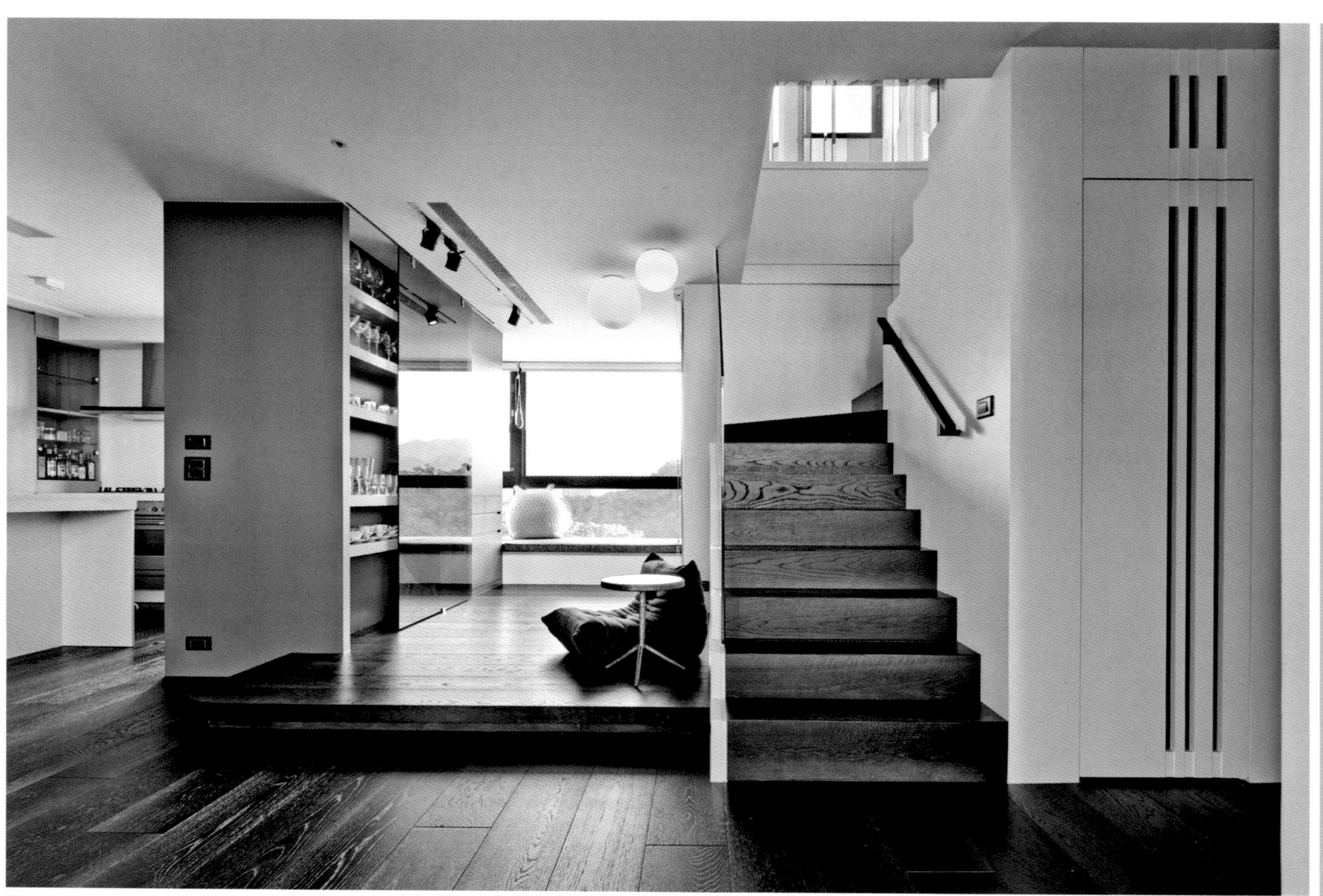

餐厅主墙：考虑既有的柱子，采用大小不一的立面分割手法，结合水泥、木皮、烤漆玻璃三种材料，其中将水泥视为色调整合的依据，选用的木皮刻意染得不均，使主墙面能有一致性的整体效果之外，还营造出不同色感、纹理的层次变化。

主墙内分别隐藏左侧的客用厕所及淋浴间，以及右侧的厨房用品和冰箱。在实体墙面中，刻意按适当的比例开口，让两个开放的方格作为可展示物品的储物柜，整体画面更显细致、平衡。

木地板：在进行空间重整时，木地板是最先被决定的空间基础，因而延续其他立面、对象的材质设想。下层以黑色木地板为主，呈现男主人的沉稳特质。沿着内部楼梯而上，白墙映衬着黑色木地板，不失简洁、利落。上层则以女主人选择的木地板的白色作为空间氛围的主调。

楼梯间：一道储藏室的隔墙，从黑白色调中以彩色玻璃片组合成视觉焦点，通过光线的自然投射，让素面的楼梯间变成彩色窗景的表演空间。

自然采光

大面积的落地玻璃窗，让整个空间自然采光十分充分，即使是白天不开灯也完全能保证室内的亮度。楼梯间旁是孩子们的游戏室和收纳墙，通透的格局保证了自然采光。收纳墙的玻璃柜面恰巧反射自然光与映出窗外的绿意。楼梯间内，光线通过五彩缤纷的玻璃，彩色光影落在留白的不锈钢面上，汇集空间色彩。

楼梯间设计

储藏室面对楼梯间的开口处，成为汇集空间色彩的转换地。彩色光线照在留白的墙面上，灰色不锈钢饰面反射了光线。仰望挑高的白色楼梯间，可看见彩色玻璃因伫立的交迭角度而产生变化的色彩层次。大面积留白以及黑色、灰色的配搭，构成楼层转换之间的色彩缓冲，以更纯粹的设计手法，区别上、下楼层各主题色彩。

收纳运用

夫妻俩都热爱阅读，因此电视墙后方特别设置一整面的书柜墙。餐厅主墙的左侧隐藏客用厕所及淋浴间，右侧隐藏了厨房用品和冰箱，两个开放式方格作为展示储物使用，也能使整体画面更显细致平衡。

主卧设计

白色氛围衬托出主卧一系列藕紫色调的优雅特质，睡床前方可作为夫妻两人的阅读区。

从主卧室的窗景望去，一片绿色山景环绕，是每天休息时刻的最佳陪伴。

主卧室更衣间特别定制一座工作台面来收纳饰品，并以悬空的设计延伸至卫浴空间，上方的不锈钢架可先挂放备用的衣物。

为增加卫浴空间的隐密性，利用黑色玻璃墙作区隔，其内外仍保不失视觉及光线的穿透效果。

海蓝色记忆

随心所域

设计公司：甘纳空间设计
主设计师：林仕杰、陈婷亮
摄影：MWphotoinc/Siew Shien Sam
项目面积：195m^2
地址：中国台北市

主题风格：混搭及工业风格
户型格局：三室一厅三卫
居住成员：两个大人一个小孩

主要材料及工艺

木皮、铁件、涂料、玻璃、喷漆

“

设计亮点

本案是粗犷与细致的结合，从毛坯屋现况所保留下的水泥天花板，展开整体规划的设计。客厅中岛吧台结合实与虚的定制概念，台面下的桌脚赋予书柜、料理和造型，桌脚部分灵感来自西班牙设计师 Jaime Hayon 的设计元素，经过设计师思考后的转换而构成造型的细节表现，并挑选一个可跳脱灰白空间的蓝绿色更显瞩目。不拘形式的沙发组合，如同业主男孩所收藏的乐高玩具般的拼组特点，展现随心、自由的生活乐趣。而餐厅则通过细致的灯具样式点亮纯粹的空间角落，实木餐桌上方搭配量体式的水晶吊灯，中岛则配搭放射状的灯具设计，亦界定出不同使用功能的空间区块。

”

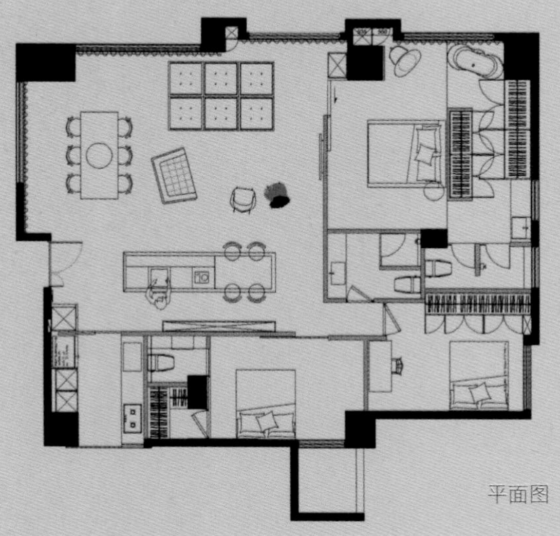

平面图

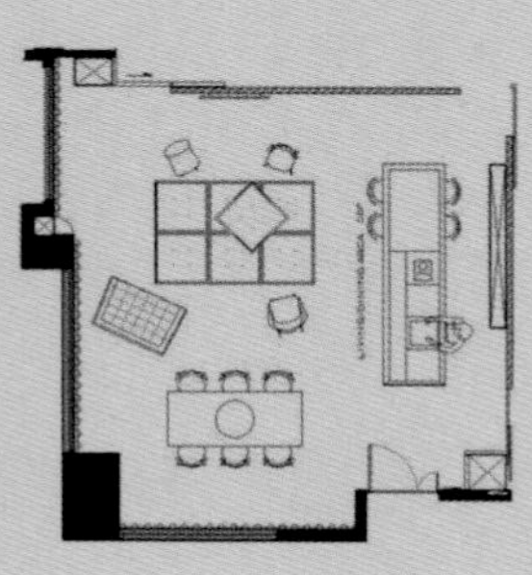

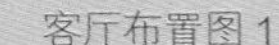

客厅布置图 1

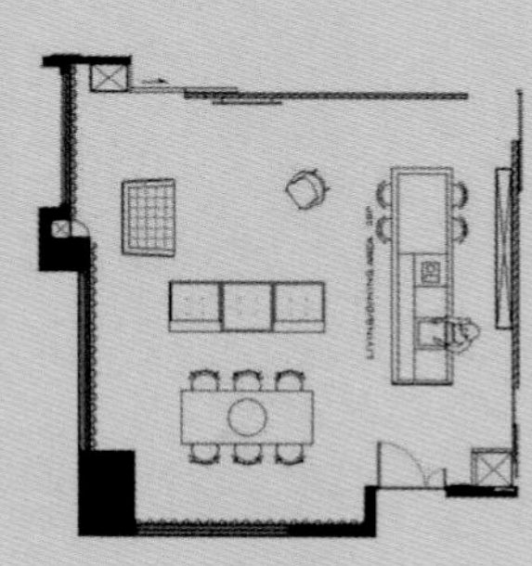

客厅布置图 2

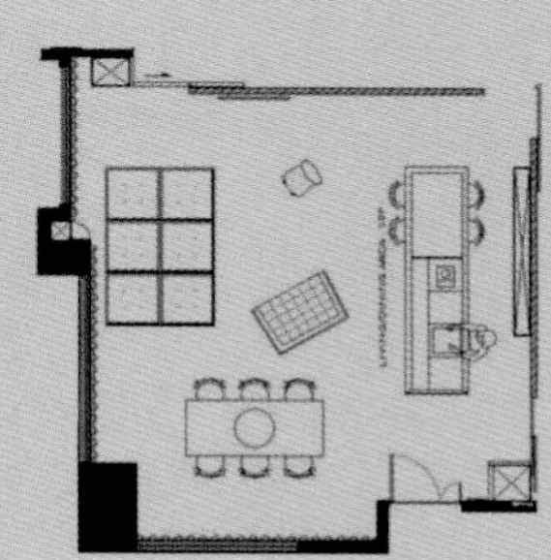

客厅布置图 3

动线设计

进入房间首先看到个性化吧台，其次是餐厅与客厅，三者的摆位呈现三角关系，方便使用且加强了彼此的互动。开敞的空间中家具可以随意摆放。主卧室将床放在中间位置，打造了“回”字形流线，让阅读、沐浴、更衣、如厕和睡眠趣味连贯地安排在空间中。

材料运用

客厅内部分裸露的水泥天花板的粗糙肌理，使空间中带了一点粗犷，流露出随意轻松的气息。灰调的海岛形拼花木地板，与水泥天花板相呼应，低调且走心。主卧淋浴间从地面延伸到墙面采用蓝色印花瓷砖拼贴，丰富的纹样随机拼合，为空间增强了个性，也让人使用空间时心情大好。

MK

自然采光

客厅中L形大面积采光条件，使得白天、夜晚随着自然日照和人工光源的切换，各有不同点亮空间的表情。主卧室同样具备通透的采光条件。设计师利用更衣间橱柜所形成的量体与卧床划分空间，其不到顶的手法可避免造成空间的压迫氛围，并且让光影元素有不同的变化角度，给居住者带来自然、舒适的生活氛围。

轨迹

台中叶宅

设计公司：珥本设计
主设计师：陈建佑
摄影：吴启民
项目面积：166㎡
地址：中国台湾台中市

主题风格：工业风格
户型格局：三室二厅
居住成员：一对年轻夫妻

主要材料

花岗岩、红砖、铁件、胡桃木皮

设计亮点

NBA 球星球衣、球鞋和年代久远的黑胶唱片，无一不展现了空间主人成长的轨迹。在整体灰蓝色调的英伦风中，红色的球衣及老红砖面墙使安静的空间彻底告别沉闷。木作的使用，使红砖墙面所带来的粗犷感变得柔和，让空间在内敛与奔放之间找到平衡。两盏铁艺吊灯，各种造型别致的现代工艺品，以及独特的装饰画，都为空间注入更多的个性、时尚元素，让主人对于未来的家的想象与旧时光的回忆能和谐地存在于空间中。

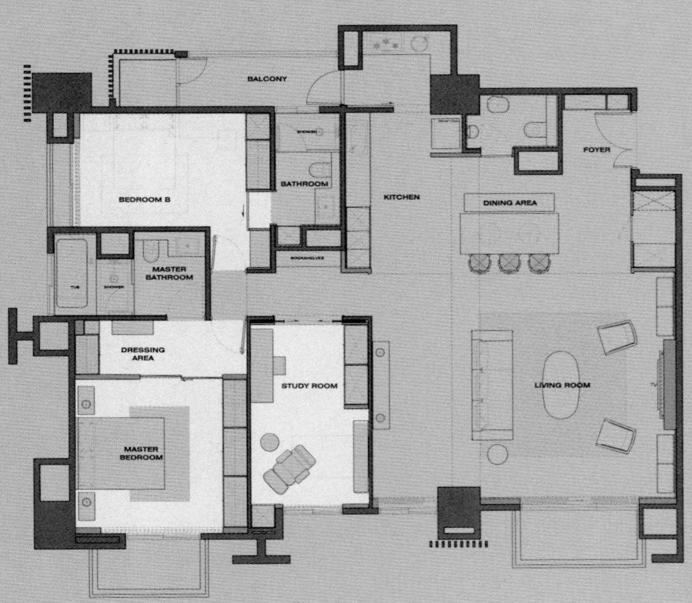

平面布置图

材料运用

空间中使用的材质自然且环保。客厅空间中两面大墙采用红砖贴面，红砖独特的气质使空间具有人情味和温暖感。客厅的水泥自流平地面方便施工和打理，墙面以乳胶漆为主，局部为木饰面，既降低了造价，又不失温馨。

V&S
Pros
16
Chicago
23

具备老灵魂的物件承载着主人年少的学生时代记忆，置入新宅内，宣告男孩结婚后，迈入人生的下一个阶段，正式成为成熟的男人。主人于新屋购得后，便与设计师针对室内设计进行讨论，并开始着手空间结构的调整。

年轻业主期望住宅能呈现英伦街头的设计效果，以简化英式古典与粗犷的 LOFT 风格结合，置入少年时代的收藏，如 NBA 球星球衣、球鞋以及披头士的黑胶唱片，展现年少时的自我主张，而未来的梦想得以恣意地填入居住空间中。

开放式的配置，串联了厨房、餐厅与客厅区域，扩大公共场域的灵活使用范围，成为年轻人举办派对活动的聚集空间。客厅的后方保留一个小空地，既能作为射飞镖的娱乐区域，也是业主未来继续注入梦想的小天地。

选择花岗岩作为室内整体空间的地坪材质。设计师表示，此种材料无须以拼贴或交错的方式施工，使用上也不受限于任何模式，属于纯真、自由的材质，在空间内呈现的肌理与无边界限制的条件下，呈现自由、奔放的视觉感受。

为了加强英伦街头与 LOFT 的粗犷效果，在客厅墙面与电视墙两侧，砌成一道又一道的老红砖墙面，落地窗大面积采光的引入，照射出红砖表面的粗犷肌理与历史痕迹，开放的展示柜成为迈克尔·乔丹 23 号球衣与其他球鞋收藏的最佳处所。质材表情一路延伸至书房外的铁件格纹玻璃门，主卧的锯痕木纹的选用，在呼应粗犷砖墙的同时，也丰富了空间的肌理。

住宅空间中，大面积地覆盖一层带有灰色调的英伦蓝，经由油漆粉刷与灯光照射后的效果，与整体家庭环境十分紧密，并用白色作中间色，平衡红砖的红漆与灰蓝漆的色彩。设计师在业主的故事的脉络中，找到一条得以发展的路径，简化古典线板与踢脚板材，展现英伦绅士的年轻样貌。借助颜色的串联与采用深色的美国胡桃木质家具，加强安固稳定的情绪，最后在各式质材纹理层次中，回应业主的历史记忆与自我主张的坚持。

岁月如歌

海德公园

设计公司：陶玺空间设计
主设计师：林欣璇
摄影：游宏祥
项目面积：125.4㎡
地址：中国台湾新竹市

主题风格：混搭风格（乡村及工业风格）
户型格局：三室两厅
居住成员：一对夫妻

主要材料
实木木皮、文化石、超耐磨地板、壁纸、黑板漆、铁件、实木百叶、复古砖

“

设计亮点

一进入空间，蓝灰色调木作与复古风的小柜首先引入眼帘，客厅内电视墙上多色块的壁纸，成为空间色彩的视觉焦点。木质做旧的家具与红色复古木椅，展现出岁月经洗礼后的独特魅力。红色的裸砖墙，缠绕木梁上的吊灯，可涂鸦的黑板……自然随性的混搭风，浓烈的个人主义风格，让身处其中业主的感到身心愉悦的同时，也展现出空间极具个性、独一无二的品位。

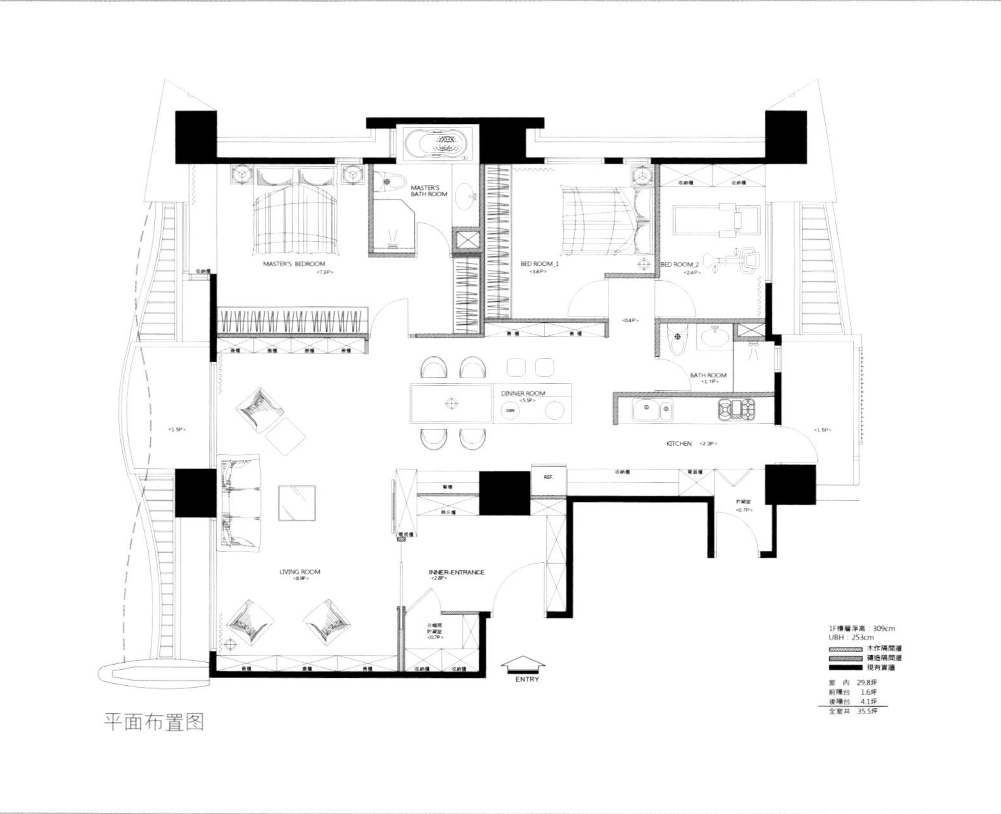

平面布置图

结合乡村、工业混搭风格，诠释的画面更有美感，海德公园就是很好的例子。从预售时期开始就由设计师全盘规划，水、电配线先设定好，可节省装修时期的时间与成本。

原本喜爱乡村风格的业主，预售屋风格完成建设后，中国台湾正流行工业风，设计师巧妙混搭设计，运用 7：3 的比例，打造出令人印象深刻的空间。一进入玄关，宽阔的入门格局会让人好奇，一般窄小的玄关，为何有这样截然不同的功能。原来业主有放置自行车的需求，设计师在入门第一站就解决了这问题。玄关采用白色文化石，以及很大胆的蓝灰色调木作，让工业风格不会显得过于厚重，反而有独一无二的纽约绅士风格。

从事科技业和喜爱旅游的新婚夫妻，在结束繁忙的工作回家后需要有放松的氛围。为此，设计师打造出三室二厅开放式通透空间。因为业主养猫，宠物的居住动线也纳入设计中，打造人猫合宜的时尚住宅。窗台的深度加深，赋予猫咪一处日光休憩位置。电视墙上也运用色调大胆的壁纸，让客厅有目标明确的主角。家具与书柜等都是以挑选的木作为主。这些木作有着岁月感的纹理与色彩，即使有些痕迹，也无伤大雅，突显个人风格的独特。复古砖、红色文化石与美式乡村风格的踢脚板组合，旁有纯白色的木质百叶窗，创造出冲突美感。

空间中主要以木材、瓷砖、铁艺与砖墙等具有美式乡村风情的材料为主打，入口玄关采用了白色砖墙，传达轻松日常的状态。客厅中一整面红砖贴面的墙面给人复古而温暖的感受，正好与地面的仿旧木地板相互呼应。而拼花瓷砖在空间中也多处使用，电视背景墙采用跳色瓷砖进行拼色，洗手间墙面与玄关地面的瓷砖拼花则色彩更柔和，与整体空间进行了一场生动的对话

开放式的厨房空间线条利落、简洁，让业主在厨房备餐时，可以感受无压迫的格局。根据业主的兴趣，设计师设计了吧台区，假日客人来访时，业主可在此大展调酒手艺。餐厅的木梁间缠绕线条个性的垂吊灯，搭配国外进口的水泥板桌，和随性的铁件单椅。厨房空间更是充分发挥乡村、工业混搭风格，墙上的黑板，具备吸附磁铁的功能，让人随手可留下留言，亦可随性涂鸦。卫浴墙面采用具备色彩层次的复古砖面，仿旧的美感，更让美式乡村的味道独树一格。恰似大自然色调的复古浅绿，使整颗心都被疗愈。

过于复杂的组合会让空间失去更佳的优势，　掌握比例且正确挑选材质，去芜存菁，有所取舍才是好的设计规划。品位的积累就是风格规划，每一分都恰到好处，让空间散发出专属于生活的温度。

轻奢雅宅

长安林宅

设计公司：珥本设计

主设计师：陈建佑

摄影：吴启民

项目面积：274㎡

地址：中国台湾台中市

主题风格：现代简约风格

户型格局：四室一厅一书两厨

居住成员：六人（祖父母、父母、儿子和女儿）

主要材料

铁件、橡木木皮、镀钛板、雪花白大理石、玻璃

设计亮点

在以白色为主调的空间里，黑色皮革长沙发展示了设计师制定的空间整体色调。设计师运用白大理石、木质地板，再加入少量的烟熏木皮及铁艺，演绎沉稳、优雅的空间格调。单人姜黄色绒面沙发椅和鹅黄色的桌花，起到画龙点睛的作用，让空间变得瞩目却并不喧宾夺主，为沉静、优雅的空间带来温暖和新意。

平面布置图

自然采光

由玄关转步进入空间之后，一眼望去的便是祖孙三代人聚集交流的主要场所。宽阔的客厅区域开启了两扇大的落地窗，自然光线无拘无束的流泻进来，呈现出温暖、明亮的氛围，给待在家中时间最多的奶奶、爷爷提供了一个良好的的阅读及休闲娱乐场所。而当夜幕降临，夫妻、孙子分别下班、放学后，一家人聚居于此，享受天伦之乐。通过玻璃窗望入室内，光影的虚拟与真实交错更迭，是来自生活最好美的景致。

多元材质

空间中的主要材料为木材、大理石、黄铜、镜面、玻璃。电视墙选择花纹极淡的大理石，低调且有质感。与白色吊顶形成一种淡过渡。亚光木地板与墙面喷砂木皮使空间具有温暖的力量。与此同时，空间中多处运用玻璃材质，例如厨房门与客厅书房之间的玻璃门，极大程度地提高了视觉的通透性，餐厅中镜面的运用也起到扩展空间的作用。黄铜灯具也在空间中熠熠生辉，低调且华丽。

设计说明

随着时间的移动，不同的生活模式，让住宅空间展演出各式各样的表情。本案原为两户三室两厅的格局，购买后，设计师便与建筑商进行沟通，将两户打通合二为一。由于业主为三代同堂的一家人，在宽敞的住宅空间中，如何整合不同年龄层的使用习惯与需求，在照顾长辈的同时，兼顾夫妻二人自己的生活，成为本案重要的设计课题。

舍弃其中一户的入户门，使原本两户的空间融为一体，通过单一玄关的安排，集中家庭成员的出入动线。由玄关转向后，正面是作为生活主要聚集区域的客厅。前方则是摆放花草等植物的阳台，自然光线由此洒入尺度宽敞的交流场域，充足的采光利于在室内停留时间最多的父母阅读及听音乐。傍晚，当夫妻、孙子分别下班、放学后，客厅则成为一家人享受天伦之乐的最佳场所。在与长辈同住的幸福感与些许压力之中，借由空间的排列组合，取得各自的独立空间。因此，玄关一旁设置成红玻璃的双开门，敞开时，串联起左右两侧区块之间的通道；关闭时，左侧区块则转换成一个小家庭的独立空间。设计师保留左右两边厨房，当夫妻三五好友来访时，为了避免打扰家中长辈，独立厨房与小餐厅的设置，让夫妻保有属于自我的交流空间。在卫浴空间无法进行变更的情况下，将更衣室与化妆间的结合，缓和浴厕与其他区块的动线关系。

空间色彩计划与家具形式，由六年前购买的荷兰黑色皮革长沙发开始，在空间干净的底色元素（如白色漆面、浅灰色木皮与白大理石）中，添入少量的烟熏木皮与铁件。运用深浅对比消化客厅主角——沙发的沉重，以降低材质彩度来强调室内色彩的鲜明度，由活动家具增加空间线条与层次表情。设计师表示，在陪同业主至旧宅了解平常的需求，从原有的物件中进行取舍时，便开始了业主家人与人关系的串联，于适当的位置产生适当的人、事、物，在住宅中启动三代同堂的一家人未来的生活。

造型设计

整个空间造型简洁，没有什么第一眼看上去特别引人注目的地方。吊顶造型方正，甚至连卧室墙面也只是做了一整面木饰面。而细细品味却有不少别出心裁的小细节。例如书房中与墙面结合打造的壁橱，白色烤漆面板落在L形木质书架上，为业主留出一处特定的阅读角落，能够安静且满足地阅读。

异域之梦

旅居 Sojourn

设计公司：甘纳空间设计
主设计师：林仕杰、陈婷亮
摄影：MWphotoinc/Siew Shien Sam
项目面积：148m^2
地址：中国台湾台北市

主题风格：现代时尚风格
户型格局：两室一厅两卫
居住成员：一对夫妻

主要材料

木皮、喷漆、玻璃、铁件、实木地板、瓷砖

“

设计亮点

客、餐厅以黑、白、灰色为整体主调，深蓝色展示主墙，在完成书籍放置及展示功能的同时，兼具了玄关功能，亮白色的沙发和造型独特的亮橙色摇椅瞬间点亮了空间。厨房以黑色为主要背景，黑色移动墙可隐藏厨房展示柜，也可移动至工作区，隔离空间作客房之用。移动墙上的分割沟缝，随着光影深浅产生不同的层次变化。简洁淡雅的主卧摒弃了过多的装饰，透过窗景绿意营造舒适的休憩氛围。

设计背景

一对年轻夫妻，由于工作关系长期旅居深圳，男主人主要管理家具设计工厂，女主人则为鞋子设计师，两人各有专业领域之才且长期接触设计产业，对于自己所欲追求的居所空间，彼此都有一定的认知。

两人因工作需求而时常出差，对于饭店式的住房动线与形式甚为习惯，本案为他们返台时的居所，因此期望整体能有宽阔的空间印象，并融合女主人所喜爱的灰、黑、白色系为主调，以及两人具设计背景的前卫特质，一同创造属于他们的个性居所。

回到中国台湾的家，期望能有宁静自在的居所，因此选择落脚台北市近郊，位于辛亥路半山腰上的清幽环境，对于夫妻二人来说，本案空间足够大，原本为三室一厅的格局，不过考量居住成员简单，因此空间的配置分割增添不少设计发挥的条件。

客厅落地窗外有一个 L 形露台，为公共空间增加内外视野之联结，加上原有的室内格局可依使用者习惯而有充分调整的空间。

位居一楼，原有厨房空间（即现在的客用卫浴位置）独立封闭，采光较弱。

创意造型

设计师将这栋房子打造成了百变的格子空间。餐桌旁边的厚木质储物格，大气简洁。客厅也将一整面墙打造成烤漆钢板藏书书格，局部随机安置了浅色木门，配有活动的精致梯子，显示出了空间强大的收纳功能。而更让人心动的是安装了顶部滑轨的特殊定制大木门，像屏风一样可以随心移动，既满足了功能需求，又非常美观。

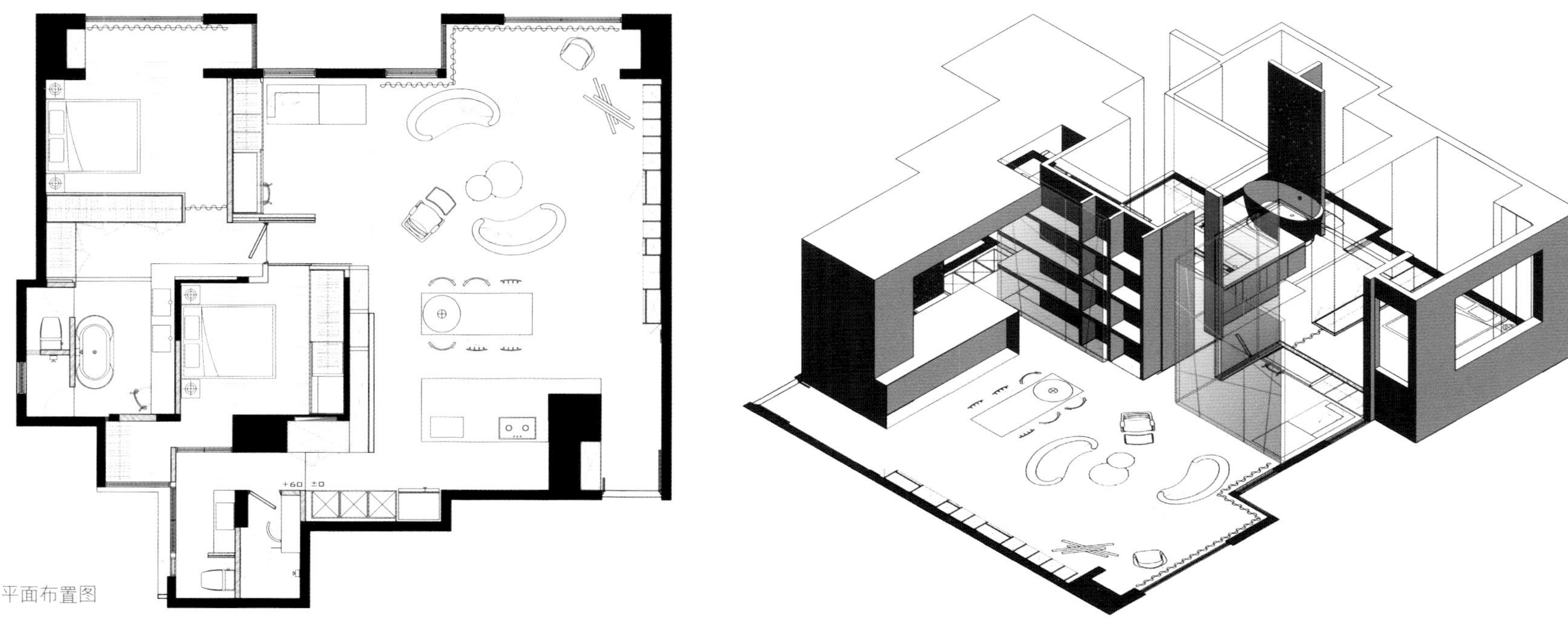

平面布置图

自然采光

空间中央黑色移动墙的机动性，让自然光线可充分的引入室内。厨房的黑色玻璃，由于材质特性会将窗外光线倒映至室内，形成一处亮点端景，为室内导入不少自然光线。设计师巧妙的减少过多的走道空间，增加私人领域的使用尺度，经由通往主卧卧床的入口，让窗面光线提升室内路径的明亮感。卧室的落地窗和腰窗一同带入明亮的自然光线，以及布满绿意幽静的景致。

光线运用

“

自然采光

光线与居住的幸福感联系紧密，在本书的住宅中，设计师对于光的设计尤为重视。

在布局时，常常采用垂直动线，让需要光线的主要空间如客厅、卧室、书房等都分布在光线较好的一侧，受到大面积日照。而卫生间、厨房等相对使用频率低的空间则分布在光线较弱的一侧。

材料利用

设计师常常利用能与光线产生光学效应的材料，将自然光线最大化利用。例如产生反射的镜面材质，将大面积光线反射入室内，增加了光照强度与面积。而在需要分隔空间时，利用光的折射，挑选能够透光的玻璃材质作为隔断，光线仍然能够无阻碍的在空间中游走。在需要柔和光线的位置则利用光线的漫射，采用较为粗糙的材质将光线均匀弥散开。

重点照明

在人工照明的设计中利用重点照明来烘托室内氛围是中国台湾设计师常用的手法几盏别具设计的吊灯或壁灯打出的光线与空间造型相互配合，温馨又有格调。

”

本色生活

苏园

设计公司：惹雅设计
主设计师：张凯
地址：中国台湾

主题风格：现代人文风格
户型格局：五层别墅

主要材料

大理石、原木、墙纸等

设计亮点

空间若没有光影，色彩与空间的关系就像失去生命一样，缺乏精神和活力。在起居室等公共空间保持大面积采光，选择落地门窗最为合适，浅色系薄纱的窗帘也能很好的保留大部分采光。低饱和度的灰色为主色调的起居室里，唯有光与影，才可撑起色调的重量，同时藉由光影和色彩来传达思想和情感，以引起居住者的共鸣。

穿越 / 苏园

君到姑苏见，人家尽枕河。古宫闲地少，水巷小桥多。
夜市卖菱藕，春船载绮罗。遥知未眠月，乡思在渔歌。
—— 杜荀鹤《送人游吴》

苏州园林，
一个原本存在于课本里的过往印象。
古色古香的威尼斯式水道古厝，
庭院里的奇峰异石与山水相映形成一种奇幻美景。

叠石、曲桥、幽境、古木、亭台、
廊壁、花窗、厅堂、阁楼、青瓦……
跃然浮现在眼帘，
一景一物，丝丝入扣。
从拙政园过往到金鸡湖，
见证了苏州的古色与今韵。

往窗外望去，
彷佛穿越百年时空。
窗外印入眼帘的，
尽是充满时代交错感的园林韵色。
窗内视线所及的，
则是满怀都市时尚感的诗歌赋曲。

材料运用

起居室内大部分材质都选择了亲近自然又温馨的天然材料，胡桃木的木地板和书柜，浅白色带自然纹理的拼接大理石电视墙面，不同形式拼接的原木吊顶以及灰色毛绒地毯和暖灰色墙布，起居室里的所有材质均是自然又亲切怡人，尽量减少污染或过度装饰，以反映设计师对家居设计轻、简、净、实的精神追求。

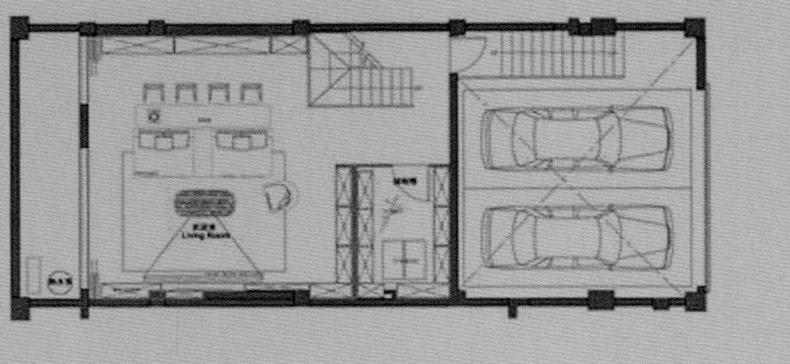

一层平面布置图

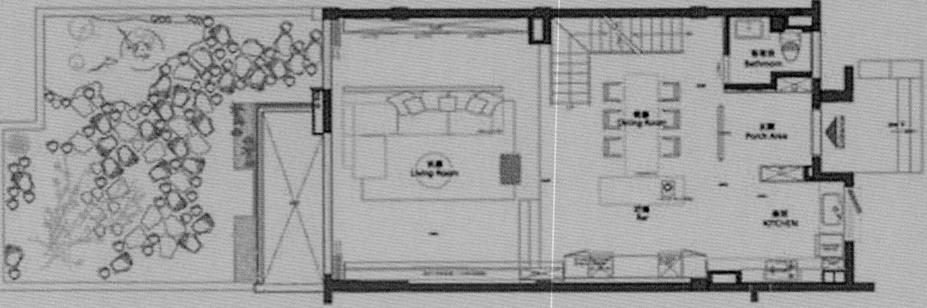

二层平面布置图

动线设计

动线作为室内空间的灵魂决定着户主的生活方式，该户型动线功能单一、不过于迂回曲折，复式的一层从入户的开放式餐厅、厨房到客厅形成一条轴线，而直接通到客厅落地窗外的花园，功能区被轴线串联，整体布局依靠轴线展开，方向清晰、避免交叉，不致于干扰在室内的交通和造成不同功能的室内空间之间相互干扰。

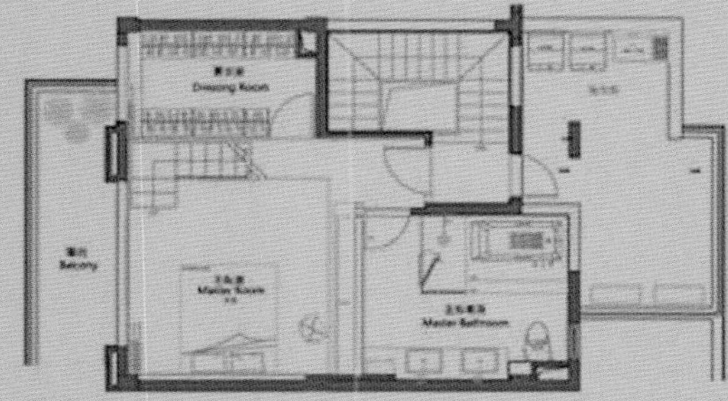

四层平面布置图

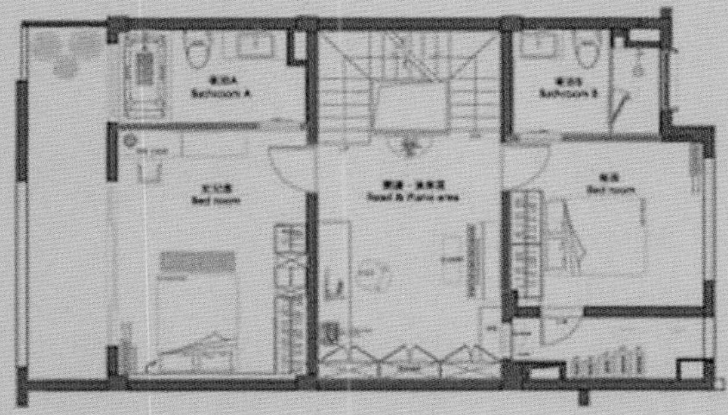

三层平面布置图

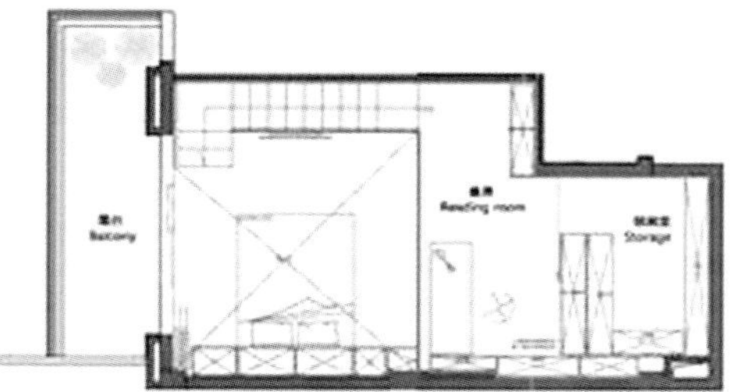

五层平面布置图

暗香

香榭

设计公司：大雄设计

地址：中国台湾

主题风格：现代简约风格

户型格局：两室两厅一卫

居住成员：一对夫妻

主要材料

木饰面、大理石、镜面等

设计亮点

起居室由两面巨大的落地窗提供充足自然采光，两层窗帘可以控制光线的强弱与套内的私密程度。在开放式的起居室里，玄关和餐厅位置因为离窗户较远，采光相对较弱，除了照明设备的设计，设计师还在墙面与天花板适当镶嵌了部分玻璃镜面，用于反射光线，让采光相对薄弱的位置更加通透明亮，同时通过室内光线的营造给人带来宽敞轻松的视觉感受。

材料运用

在起居室的材料选择上，设计师尽可能多的搭配了亚麻质感的布艺沙发，显得柔软又温馨。沙发下的长绒地毯显得温暖可靠；大理石地面与电视墙带着自然的纹理丰富了空间纹样；丝绒质感的单人沙发在窗边成为最好的点缀；大幅玻璃柜门既通透又起到了隔断的作用；镜面的吊顶可以反射空间更多角落，从视觉上扩宽空间面积。各种材质发挥本身的特点相互搭配在同一空间里，在其适当的位置相得益彰，和谐又美丽。

色彩搭配

该户型整体配色多采用中性冷色调。大面积白色的墙面与地板，主要家具都选择了饱和度较低的米灰色调，营造出沉静优雅的空间氛围。而设计师巧妙的运用了小面积靓丽色彩来点缀空间，例如 Hermes 经典色彩的丝绒围巾及一把孔雀绿丝绒单人沙发，给整体呈现浅灰色调的空间注入一丝活力与热情，由于两色面积大小及颜色的对比，同时统一的材质让整个空间显得非常和谐统一。

绿植点缀

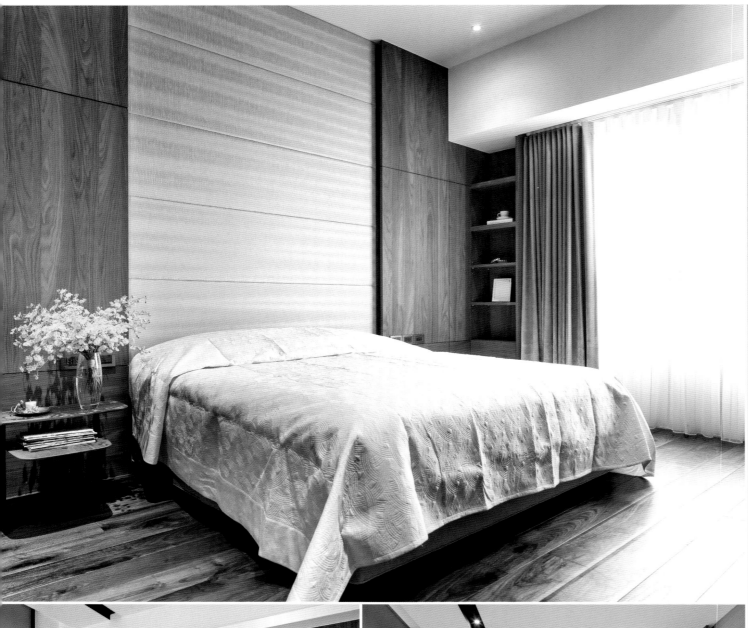

简洁静谧的卧室空间里，设计师采用了焦糖色与白色为主色调的搭配，灰色的窗帘作为空间的一个过渡色彩，整体配色显得简单直接。然而通过一束温暖洋溢的柠檬黄桌花为整个焦糖色空间注入了自然鲜活的气息，小小的饱和色彩点缀在低明度空间里，成为空间里不容忽视的一抹亮丽色彩，仿佛带来了满满氧气与缕缕芬芳。

纯简空间

轴距

设计公司：近境制作
主设计师：唐忠汉
摄影：墨田工作室
项目面积：105.6㎡
地址：中国台湾新竹市东区

主题风格：现代简约
户型格局：三室一厅两卫
居住成员：一对夫妻

主要材料及工艺
橡木、铁件、超耐磨地板

“

设计亮点

本案在设计规划中，刻意将空间开放，开启两扇大面落地窗，让空气及光线得以流通，同时利用光影的效果，制造景深，让光可以毫无阻碍的洗礼整个空间。室内没有过多的色彩修饰，白色沙发、壁柜，以及朴实、自然的木制地板、餐桌和椅子，留下材质原本的味道和内在的修养，在自然光的洗礼下，散发出柔和气息，使空间呈现出一种淡雅的自然美。

空间布局

进入空间后右手边结合厨房制作台摆放了餐桌，形成开放式的厨房就餐区。餐桌后方的墙面被做成收纳橱，简洁的直线整合了墙面造型。客厅空间非常宽敞，沙发摆位在中间，形成了环绕式的流线，电视墙与柱子齐平打造了壁橱，结合收纳功能简明干练。书房挨着客厅在南侧，也拥有很好的采光。平面布局上门与门的距离和安放位置都很考究，动线不会互相干扰。

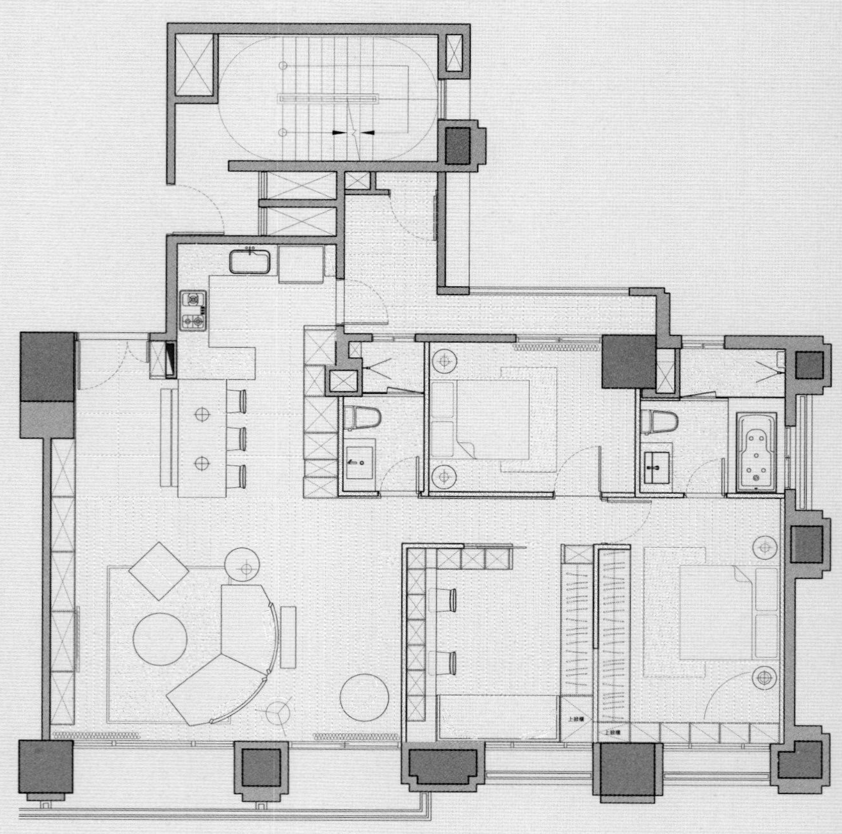

平面布置图

轴距

空间由一道长廊作为中心，贯穿四周。利用轴线，区隔空间，使量体分流。每个空间有各自的框景，但彼此又可串联，延伸到户外的绿意。在设计规划中，刻意将空间开放，让空气及光线得以流通。室内色调刻意降低彩度，不经雕琢，留下材质原始的力度。

量体

线、面，形成几何量体，彼此交错、重叠，自然划分为餐厅区及客厅区，并以柜体及造型墙，切割主空间格局，再转折延续至廊道，过渡至柔性的私领域。

OFFICE

景深

两道双面量体形成廊道区域，贯穿各个空间，造型墙作为量体的分界点，量体本身透过分割及开口，强化虚实律动，利用光影的效果，营造空间的景深，让光线无阻碍的渲染空间。

肌理

廊道地板材质延伸至主卧，以量体区隔公共空间及睡眠空间，床头板刻意让地板延伸墙面，赋予空间视觉层次，以自然木质的材料，作为空间主轴，企图在理性的线条结构之下，融入自然肌理。

悦动光影

文山帝宝金公馆

设计公司：橙田建筑一室研所

主设计师：罗耕甫

摄影：Ar Her

项目面积：409.2㎡

地址：中国台湾高雄市三民区

主题风格：现代风格

户型格局：三室两厅

居住成员：5人

主要材料

钢刷橡木皮、铁件、石材、玻璃

设计亮点

本案的一层将餐、厨空间做为主调，亦是接洽空间。空间的一侧采用了整面墙的落地窗，使得自然的光线一拥而入，打破了大面积木色所带来的沉郁之感。客厅移至二楼，透明的窗帘帷幕柔化了室内的光线，相对私密，但也得到视野的开展。同时，室内的光影也会随着时间的变化而交错，给空间渲染出迥异多变的氛围，从而呈现出丰富的视觉美感。当夜幕来临时分，温润的光影被悄然隐藏起来，空间由此宁静来下，让心灵得以安心的停留。

设计说明

舍去多余繁琐的造型，传达极简的生活理念，选用大地色系让空间中充分的散发出沉稳的气质，富有自然纹理的材质，传达我们欲将自然符号导入室内的设计理念，以空间为框，取环境为景，体现内外共荣的设计思维。

适度的家饰突显出空间的焦点，材质选用深色的钢刷木皮作为基调，再辅以皮革与铁件收边处理，本身的肌理与刻意安排的光源产生层次感，而装修完成面的分割，展现出我们对比例的敏锐度，也为空间营造出一致性的语汇。

将餐、厨空间做为主调，亦是接洽空间，创造复合式的可能。客厅移至二楼，相对私密外，也得到视野的开展，书墙随着挑空延伸至二楼客厅，赋予空间垂直向度的串连，也拉进了亲子间的关系。以人为本，强调互动性的设计。

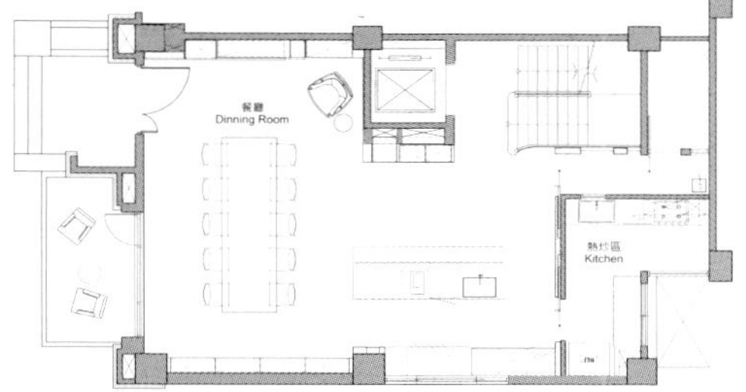

一层平面布置图

二层平面布置图

三层平面布置图

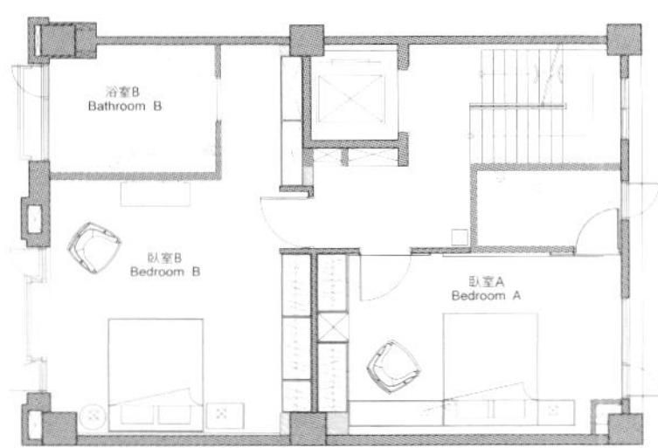

四层平面布置图

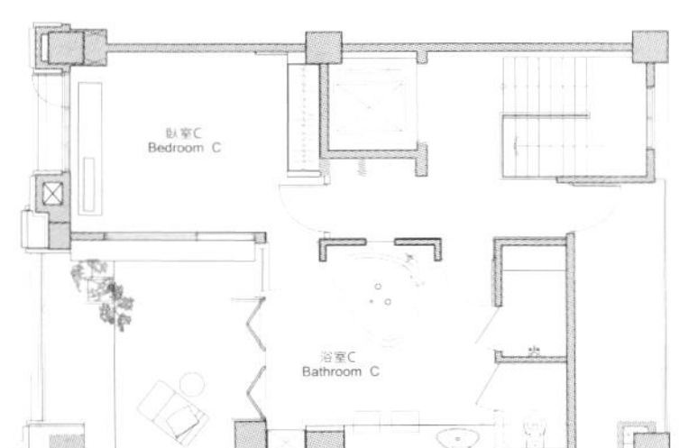

五层平面布置图

材料运用

墙面以深色钢刷木皮为主要基调，其醇厚的质感彰显主人品位。通过铁件收边处理与分割，也展现出对细节的尊重。电视墙下部拼接的大理石彰显了低调的品质感。卧室与书房相隔的电视墙则采用了有色玻璃与隔墙相结合的形式，虚实相生，同时化解了对光线的遮挡。

动·憩

空间所拥有挑高的优势，以柜体连结、垂直架构为主要之设计发想，颠覆生活行为模式，模糊用餐氛围，以“烹”为重点而交织出与生活的对话。

静

沉稳的室内空间氛围组构透过垂直轴线、量体将挑高空间串联，使人与空间互动，光影的变化则更加强调与外在环境的关联。

沐

以空间为框，取环境为景，隐私因空间视觉的延伸，转化为与外在环境共存的状态。让沐浴成为一种享受， 一种艺术的情调。

寝

夕阳西下，夜幕低垂的时分，温润的光影色泽，转化为宁静的空间。让身心充分停留，心灵沉淀。

借景入室

本案浴室取室外环境为景，是整个案例最大的亮点之一。视觉的延伸，让外在景观自然的融入空间，而在阳台上的几盆绿色的盆栽起到点缀作用，丰富的木材纹理配上几抹绿色，随着时间的推移，光影的流转、跳动，衍生出一种生命的旺盛，让沐浴成为一种享受，充满生活的情调。

港岛时光

筑·奚居

设计公司：橙田建筑一室研所
主设计师：罗耕甫
摄影：李国民
地址：中国台湾高雄市苓雅区

主题风格：现代风格
户型格局：三室两厅
居住成员：4人

主要材料
尤加利木皮、灰貂大理石、镀钛钢板

设计亮点

本案临近海港，有着极佳的自然采光。大片L形延伸的开窗扩展空间的视野，让港湾景色融入生活，让人与自然可以毫无障碍地进行一场洗涤心灵的对话。客厅面朝东南，清朗的晨光迎接每一天的到来，大面积自然光源与人造光源共同为空间服务，光线的明暗界限划分了空间的功能区域。明亮的人造光源远离窗户，只服务于使用空间，营造出安定、温馨的氛围；自然光源也得到良好的利用，让空间在阳光下呈现出丰富的光影效果，强化了空间的视觉层次。

设计说明

本案临近海港，基地面东南向，有着绝佳的自然光源，空间透过大面积开窗扩展视野，让港湾景色融入生活，也强调室内与户外的连结。因基地临海，考虑到湿度的调节与材质本身的耐候性，材质的选用上将日照、防潮、防锈等元素纳入考虑。

客厅面朝东南，洒入的晨光为每日生活做开场，利用大面积自然光源与人造光源做衔接，并运用全室消光材料柔化空间整体的视觉感受，人造光刻意脱开与窗户的距离，保留夜间良好的外视条件，同时也提高居住的私密性。

业主的两个小孩皆旅外求学，所以设计上，业主希望在满足日常的生活机能之外，要强调游子归家相聚的时光，透过公共空间的连续性与开放空间的极大化，增加空间的互动行为，进一步的凝聚家人间的情感、创造属于家的记忆。

利用光线作为整体空间规划的依据，以光线的明与暗区别行为空间与过渡空间，明亮的光源作为使用空间，营造空间在使用时的安定性，并充分利用良好的自然光源，选用消光处理后的暗色系水洗木皮，除了降低其反射性，也突显材质本身的纹理。

空间主要使用橡木自然拼水洗木皮、亚光面石材搭配铁件勾边，家具的陈列，透过机能与行为的整合，成为空间的主角，无形中为全然开放的空间营造出区域的段落性，亦呈现出极简的另类表现。

Master Bathroom
Master Bedroom
KITCHEN
Bedroom B
STO
Powderroom
Toilet
Living Room
Bedroom A
Balcony

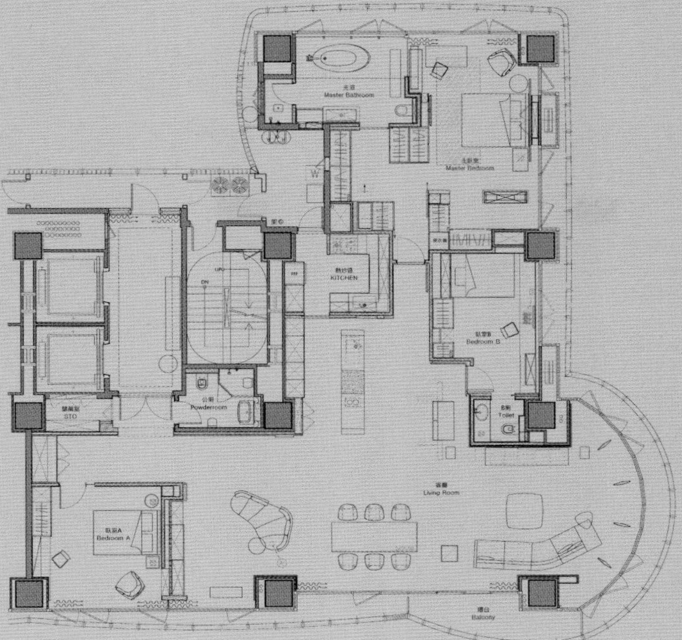

平面布置图

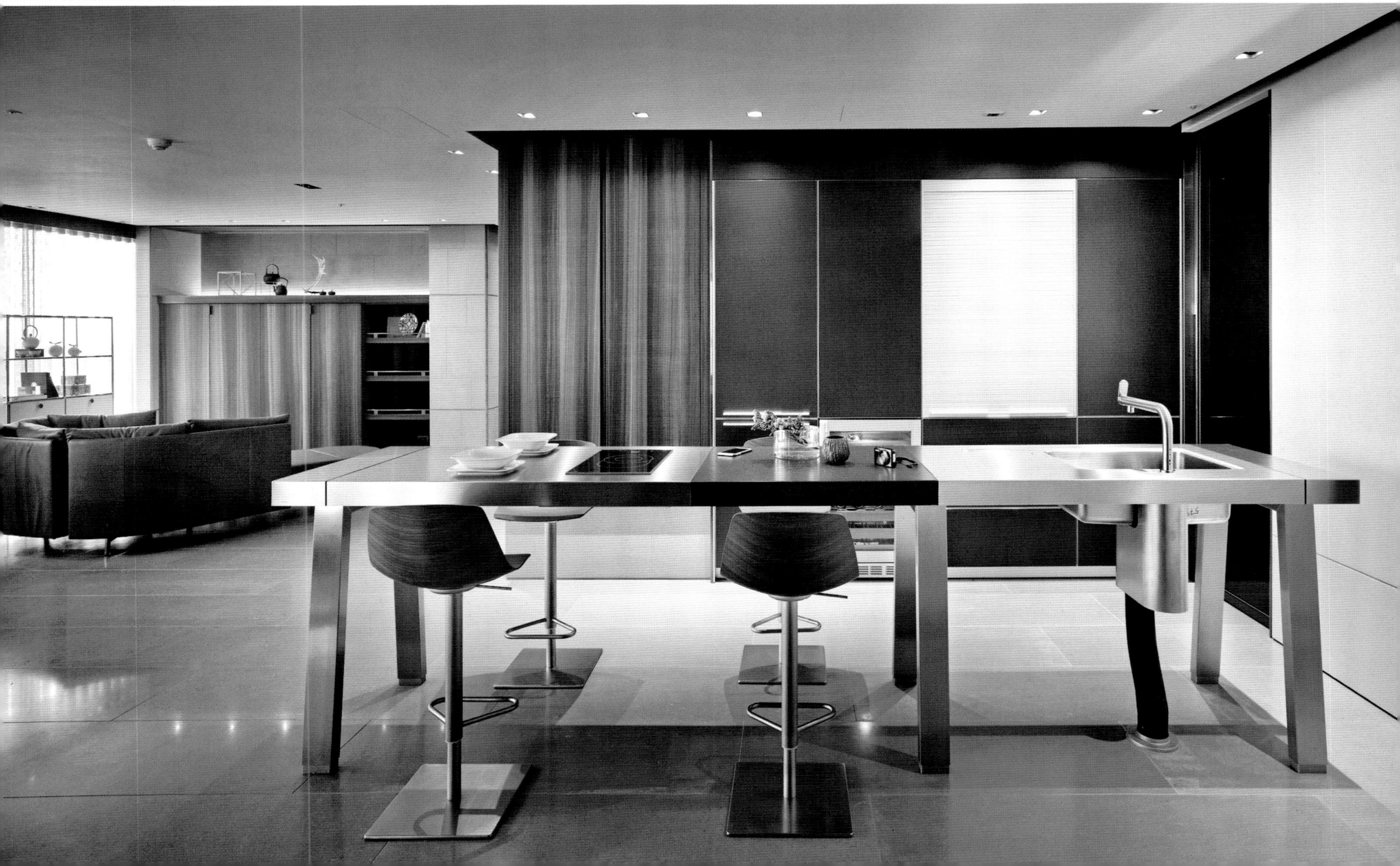

材料运用

由于临近海港，材料的防潮、防锈则显得尤为重要，设计师采用了耐候性较强的材料，例如经过自然水洗后的木皮与哑光的大理石。并且由于材质表面对光线的漫反射，在一定程度上增加了人们的心理舒适度。案例中木皮被大面积使用，特殊的肌理与色泽成为了空间的独特点缀。

恋晨光之熹微

源自原本

设计公司：源原设计
主设计师：谢佩娟、蔡智勇
地址：中国台湾台北市
摄影：岑修贤
项目面积：148.5m²

主题风格：现代简约风格
户型格局：两室两厅
居住成员：单身男士

主要材料

石皮、仿漆水磨漆、仿锈铁漆、喷漆、橡木、石木、石材

“

设计亮点

两层挑空的客厅及二楼阅读区域，整片落地玻璃窗让自然的光线一拥而入，视线空间的全面采光，打造出一种直观的自然之美。自然纯朴的材料，让人在空间移动或光影随时间推移变化时，能感受物料肌理变化。而厨房作为料理区域，整面的落地窗和操作台处的大面窗户提供了更为充裕的自然光线，白色大理石材质的料理台及桌面也给予空间明媚的开阔感。

”

KELLY HOPPEN STYLE
THE HOTEL BOOK
LUXURY HOTELS
DECOR
ALL-AMERICAN FLAIR

MARILYN MONROE
THE HOTEL BOOK
DECOR
ALL-AMERICAN FLAIR
STYLE
LUXURY HOTELS
TOP OF THE WORLD

设计说明

以“原质”作为思考起点，扩展至全案设计，据此藉物喻人，表达居住者怀抱本真，钟爱自然之理想，进而反思过往我们对于完美的定义。

为强调纯粹、直观的自然之美，摆脱对无瑕的执念，自然物质在时光中不可预测的变化正是业主倾心原由，因此全案物料尽可能取自自然的原朴物料，让人随着位移或环境光影欣赏时，能感受肌理变化。

设计师在材料使用上强调朴素自然的真实与手作之感。所用的材料基本都取之自然，减少修饰。整体墙面清冷的混凝土涂料上保留人工痕迹的柔软触感。开放式餐厅吧台的墨纹大理石与灰色的背景墙在光线作用下与空间融合，宛如一幅淡雅的水墨画作。原木的温暖色泽更是给空间带来了感动。设计师不放弃材料上的虫洞与小瑕疵，保留这种不完美的自然之美，使人悟道生活。

创意造型

楼梯流畅的曲线婉转上扬，如同伫立在空间中的雕塑一般装点了整个客厅，客厅区域顶部造型上拆除了原有楼板，使得空间变得高挑，楼上楼下交互性更强，采光也更为充足。从客厅向上望去可以看到室外侧的木质多宝阁造型墙，达到一景两用的效果。

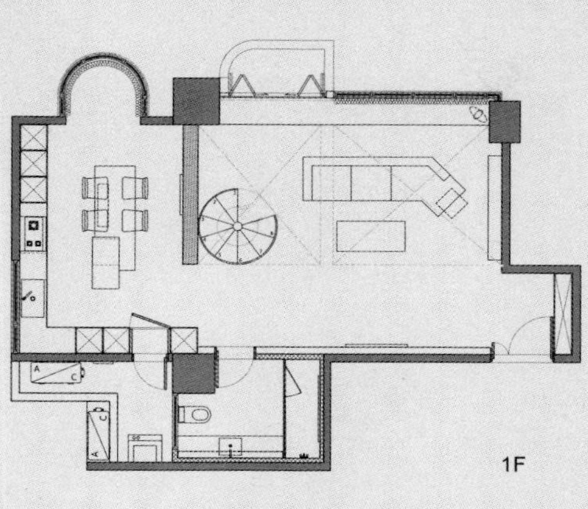

一层平面布置图

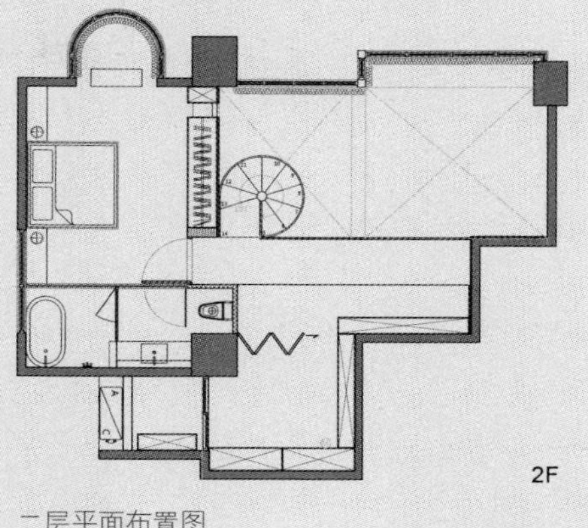

二层平面布置图

澄澈

CH HOUSE

设计公司：大秝空间设计
主设计师：刘映辰、蔡显恭
摄影：钟崴至
项目面积：95.8 m^2
地址：中国台湾台中市

主题风格：现代简约风格
户型格局：四室两厅两卫
居住成员：一对夫妻

主要材料

瓷砖、实木百叶、木皮

设计亮点

“本案拆除了隔墙，让出了沙发的背景墙，以大片透明的玻璃打造成一个半开放式的书房，阳光可由客餐厅为一体的开放式空间，辐射至连贯的整体空间，扩大整体空间感。这样通透的设计，也让家人之间有了更多的交流和互动。自然采光和整体浅灰色的主调相得益彰，创造出一种沉稳不沉重的浅灰氛围，展现出生活品质与深度。”

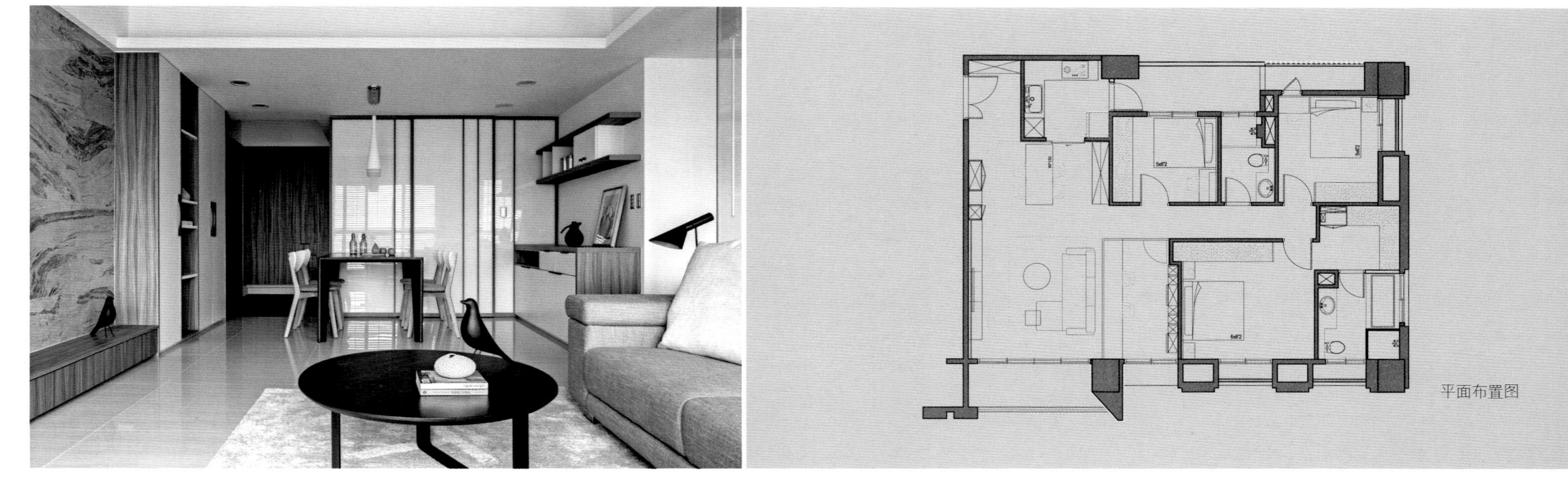

平面布置图

设计说明

本案透过木皮、砖材等呈现低调灰阶视感，同时拆解隔墙通透视野，展现生活空间的深度，让采光、灰调相得益彰，创造沉稳不沉重的浅灰氛围，让时间在空间中静静的流逝，将城市的喧嚣隔离在这抹浅灰之外。

入口处地坪铺设深色进口瓷砖，定义出玄关与客厅，于背墙隐藏衣帽鞋柜，将柜体不着痕迹地隐于木纹之间。一旁则是餐厅领域，以优白玻璃隐藏厨房拉门，巧妙将厨房入口隐于其中，形塑简约又聚焦的立面设计。客厅则采用建材、软装营造灰阶层次，且考虑预算限制，利用银灰石砖打造电视墙，兼具经济实惠与大理石质感，并拆解客厅后方隔间、施作清玻墙面，扩大整体空间感，让采光可彼此互通，同时藉由通透的格局设定，让生活中充满对话与互动的可能。

收纳设计

设计师将收纳功能与艺术造型进行了完美的结合，在空间中打造了多面虚实相生、线条简约的竖向壁橱。书房后面的壁橱最具特色，经过定制的可移动滑门，可以随意推拉，让书橱的造型更多变。餐厅墙面的壁橱门采用竖向不均等分隔的方式，既美观又实用。

远景

顺俪 MOMA

设计公司：堯丞希设计
主设计师：吴安栢、郭彦希
摄影：小雄梁彦、WJ Studio
项目面积：$100m^2$
地址：中国台湾桃园市青埔

主题风格：现代简约风格
户型格局：三室两厅
居住成员：父母、儿子

主要材料及工艺

实木皮、铁件、石材、玻璃、喷漆、壁纸、壁布

“

设计亮点

每个人对阳光的向往都是与生俱来的，那片明媚的光，总能照亮、温暖人心。客厅两面墙的玻璃窗户搭配电动窗帘，既保证了充足光线的摄入，也能让主人随心所欲选择对窗外风景的获取，在开阖之间，享受不同的风景所带来的美感。主卧中，床头墙面使用可活动双色皮革绷制，既能为空间内带来更充裕的自然光线，又能保证主人隐私并减少光线对睡眠的干扰。除此之外，次卧、衣帽间、浴室也通过开窗确保了自然采光，减少了人工照明所带来的成本。

”

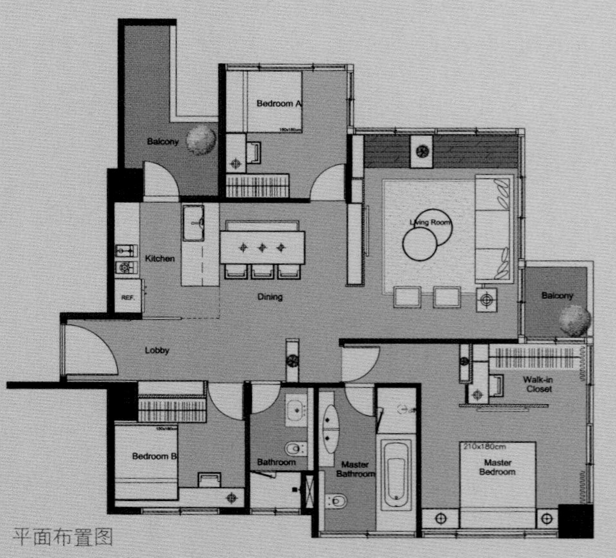

平面布置图

软装配饰

本案中，木质展示柜界定了客厅与餐厅的空间功能，适当的高度保证了餐厅的自然光线。展示柜正中的水墨写意画取代电视，搭配一旁精致饰物，赋予空间人文艺术气息，也展现主人品位追求。沙发旁是可移动茶几，与展示柜相同的色调、纹理，保持了空间的整体性。餐厅中，大理石吧台，长形餐桌和精致的餐具，没有强烈的色彩冲突，塑造空间低调奢华之感。

空间的奢华不一定是穿金戴银，整体以简约风格展现利落及现代，辅以细腻的工法表现出空间质感与层次，创造出如饭店般精致且舒适的家居自在感。

本案进门即可看到大理石中岛吧台及以同色系石材接续着的长形餐桌，宛如欢迎客人造访。客、餐厅利用视线以下的柜体高度做双面向的空间界定，简洁而实际的铺陈安排空间生活样貌。而沙发旁设计可移动茶几的座铺是业主休憩的小天地，亦是与客人互动的娱乐场域，客厅后方大面积窗户搭配电动窗帘，在开阖之间宛如揭晓一幕风景诗画，更将切割零碎的窗景连成一气，让空间更加大气。

主卧室延续沉稳色系作为空间主调，床头墙面使用双色皮革绷制，同时是屏蔽后方窗户光线的活动式面板，赋予床头稳定厚实的倚靠，并免去睡眠中光线的干扰；同时更衣间的区隔也让男女主人在不同作息时段之间降低相互干扰的情况。尧设计师强调整体空间的协调性，唯有不断追寻才能赋予空间深度与广度。

圆舞曲

漫享时光

设计公司：堯丞希设计

主设计师：吴安栢、郭彦希

摄影：小雄梁彦

项目面积：115.5㎡

地址：中国台湾新北市林口

主题风格：现代轻奢风格

户型格局：三室两厅

居住成员：父母、儿子与祖母

主要材料及工艺

线板、喷漆、钢刷木皮、喷砂玻璃、壁纸壁布、不锈钢金属

“

设计亮点

在客、餐于一体的开放式格局里，开启两扇大面的落地窗，设计师采用了含白色薄纱内衬的双层窗帘，既可以保证阳光的充足，又为主人保留自己隐私的空间。木质展示柜之间接入人工照明，让展示柜在自然光线与人工光源中随着时间切换，带来不同的美感。同时，白色的 L 形沙发配同色餐椅，在自然光线的映照下，散发出典雅、舒适的气息。而温润的木色及自然的纹理，在天光轻抚中，带给人一种岁月悠然、时光烂漫的闲适。

”

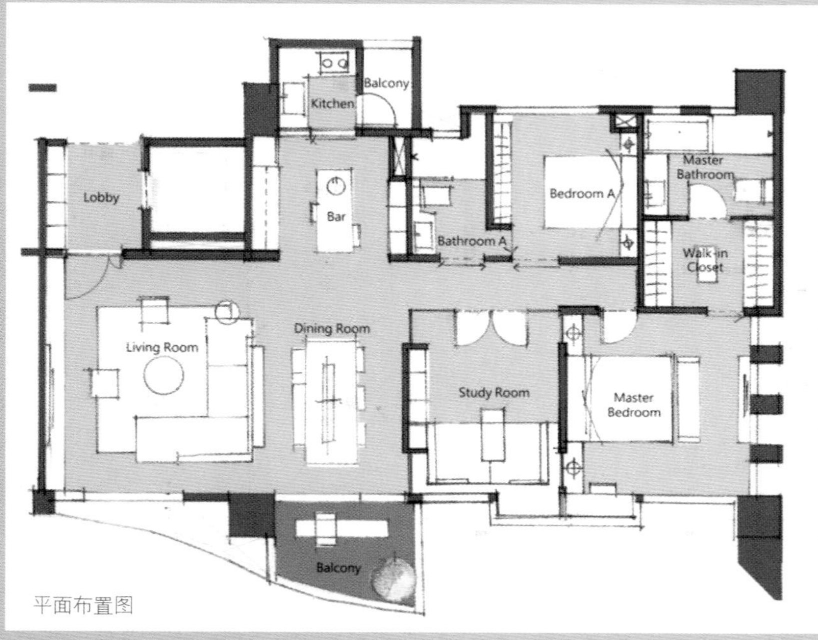
Balcony
Kitchen
Lobby
Bar
Bedroom A
Master Bathroom
Bathroom A
Walk-in Closet
Dining Room
Living Room
Study Room
Master Bedroom
Balcony
平面布置图

设计说明

设计师开始与业主一家人共同打造新居，逐步让业主钟爱的新古典风格成形，并将设计重点放在公领域的动线规划，搭配家饰与色调为居住成员打开大气开阔的视野。

为突破开窗过多所导致配置座向的问题，设计师以 L 形的沙发向后方餐厅拉伸，为开放式公共区域营造流畅动线与开阔视野，以带有对称之美的壁板与餐桌上方的水晶吊灯定调道地的新古典氛围。利用带有现代气息的柜体加上间接照明，让利落线条与温润光线形成富有美感的反差。设计师更别出心裁，在厨房与餐厅间装设自动门，让独立厨房的烹饪动线更加便利。依照业主需求，将书房结合客房功能，突显家中空间的弹性运用。

善用主卧开窗与畸零空间，以崩布、壁板与镜面创造高贵典丽的饭店风尚，更在规划收纳功能之余，为业主打造一个浪漫小酒吧与通往卫浴的精致走道，仿佛身处总统级套房。

空间布局

“

自由灵活

由于中国台湾住宅建筑梁柱结构居多，很多墙体可以灵活变更。所以设计师在流线与空间布局的设计上有更大的发挥空间。

公共区域的动线布局往往设计的非常灵活，常常采用开放式厨房，将客厅、餐厅、厨房合并成为一个大空间，通过三角形动线紧密相连，流线自由又方便实用。主卧配备的卫生间大多空间宽敞，甚至拥有很好的光线，让人使用时方便舒适。而在拥有美丽窗景的空间，甚至常常将浴缸独立出来安置在窗边。美景与沐浴，构成视觉与身体的双重感官享受。

过渡明确

设计师进行动线设计时，为了使得室内与室外产生过渡，在进门入口大多设置玄关和小衣帽间。另一方面又注重由动到静的过渡，客厅、厨房这类较为公共的区域常分布在离入口较近的位置，而卧室这样需要安静的空间多分布在较为私密、距离入口较远的位置，餐厅和书房往往布置于空间的中部起到过渡作用，这样的动线使得空间合理且人性化。

”

原风景

慢行

设计公司：水相设计
主设计师：李智翔，林怡慧，郭瑞文
摄影：Sam Tsen 岑修贤
项目面积：462m²
地址：中国台湾台北市

主题风格：现代时尚风格
户型格局：三房两厅两卫+泳池
居住成员：一对夫妻，两女儿

主要材料及工艺

洞石、花岗石、手工砖、手工漆、皮革、壁纸

“

设计亮点

进门后视线一下被拉到远处玄关，让人第一印象就能感受到空间的宽敞，右手边特殊的四个软包饰面的可推拉造型柜，细节丰富，品质感极强，也对客厅方向起到一定遮挡作用。客厅方向连接室外阳台，阳台边缘则是一条长长的泳池，阳光照在水面波光闪烁，与室内地面的水纹瓷砖相互呼应。左手边则是开放式餐厅、厨房和客房。主卧和次卧则位于空间近端，较为安静，主卧室配套的大淋浴间令人使用起来心情舒畅。

”

软装配色

空间中的色彩非常温和，公共部分以米黄和浅灰为主色调，让人感觉舒缓。沙发背景墙的浅米色硬包被横竖向镶嵌的铜质线条分割，犹如构成主义的画作。书房利用特殊的灯具在墙面打出独特的光影造型，主卧室依然延续客厅的色调，而儿童房则选择了粉色与水蓝色，更符合孩子们的心理。空间中家居配饰多选用大师的设计，为空间增添了国际化色彩。

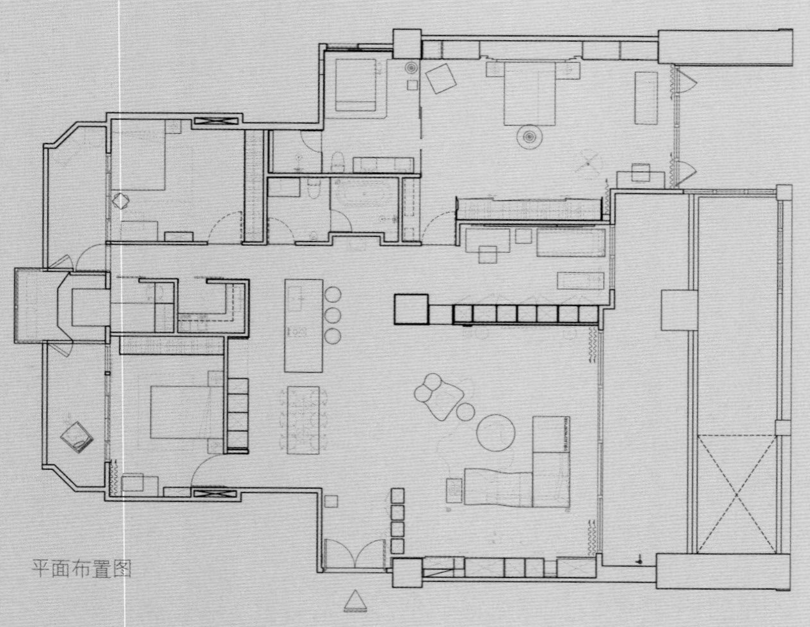
平面布置图

材料运用

空间中的材料搭配，给居所以安静的气质。电视背景墙采用的米白色洞石与常用的大理石不同，其以平缓细腻的纹路静静的呈现在空间中。吧台处的“V”字纹大理石，丰富了空间质感。沙发背景墙则是被分割好的布面硬包，美观且温暖。公共空间部分地面大面积采用意大利 memento 仿旧复古砖，犹如宁静褶皱的湖面。由客厅逐渐过渡到走廊时，地面也变成了防静电地毯，吸纳了嘈杂的声音，保证了卧室区域的安静。

设计说明

此栋是位于淡水的名宅，其特色是一户一泳池，可远眺观音山淡水河出海口，在表现这样池景、河景甚至海景的住宅精神下，我们希望将淡水夕照下水面波光粼粼的印象延续至室内场景。因此空间中主要大面积呈现场域精神的地面以意大利 memento 仿旧复古砖铺设，手工不平整的仿石纹立体面造就其波光明净的效果。作为一个渡假住宅，时间也是相当有魔力的，一切的行为与心境皆慢了，虽然同样运行于一个时空，却产生如时间膨胀的错觉。

基本上，我们希望这个场域的空间精神像是冻结住的慢行生活，只剩下前方的河水在流动，只留下顶上的太阳在游移。因此空间中利用中性的色彩，如米色系的皮革主墙、米灰色的地面、浅棕绿色系的花岗石背景墙与米白洞石主墙等大地色系，让空间画面传递平和稳定的情绪，而这些材质的共通性是强调纹理的触感与温度，朴实无华透过材质传递永恒的时间，也一如蒙德里安只采用原色创作，色彩的功能不在于装饰，而是成为辅助空间的界线。

在表现形式上，以荷兰风格派运动（De Stijl）主张的抽象和纯朴为设计理念，外形上缩减到几何形状，舍弃曲线或自然的形体造型。透过精准的平面、直线、矩形来达到设计上的视觉平衡。就如客厅背景墙的构成灵感便是来自蒙德里安的画作，并屏除了颜色与线条粗细，让非对称性能够创造律动感，在构图中创造平等和动力平衡。包括玄关入口的鞋柜以构成主义舍弃大面积的量体，以组构和结合分离四座柜体，将光线有情绪节奏的导入空间中央。顺应光的方向也导出空间布局的节奏，我们希望在相对于开放河景的封闭室内，能产生一种各面向都向外界开启的状态，能延伸至周围无限空间的效果。因此所有的行为模式基本都是面向淡水河，包括下厨烹饪以及运动健身：所有走道的尺度都是放宽的，空间的动线都是环绕循环，没有靠墙的家具阻碍空间的流动脉络，包括沙发、中岛厨房甚至健身房都能在各面向角度观看而不受限制。

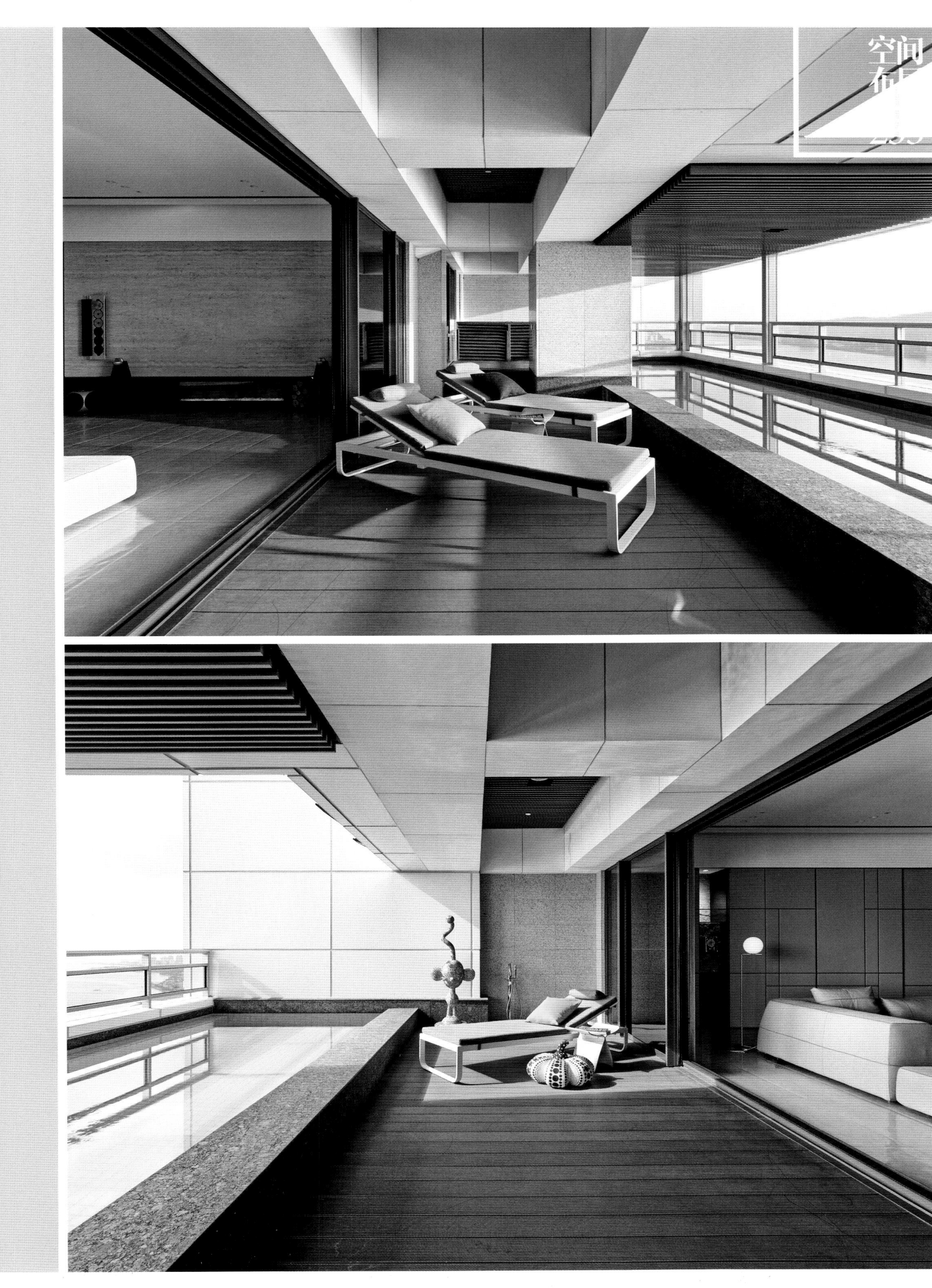

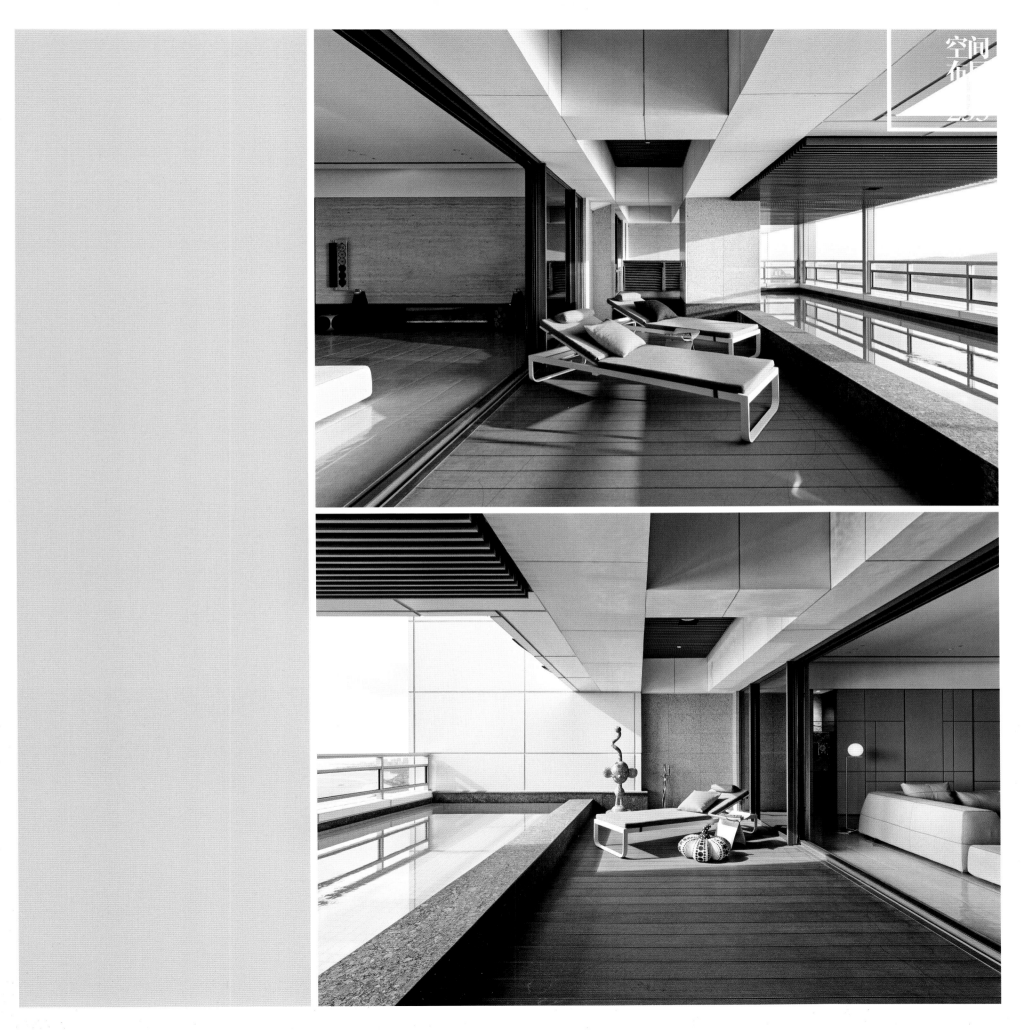

风雅颂歌

复述

设计公司：大雄设计
地址：中国台湾

主题风格：现代轻奢风格
居住成员：一对夫妻、四个小孩

主要材料及工艺

木饰面、实木家具、大理石、布艺沙发等

设计亮点

该户型起居室是便于互动的开放式空间，集多功能分区为一体。设计师通过巧妙的布置安排将各功能区有条不紊的穿插在同一空间内。为了释放更多的空间方便业主使用，客厅的主轴——电视墙设计为屏风隔断样式，既增加空间的层次感，又明确规划空间的功能区。独特的大理石纹理展现出精品的时尚美感，电视背景墙的设计将空间的动静功能区域有机隔离，同时结合实际户型的梁结构，巧妙的分隔出客厅与餐厅的隐藏界限。

FURNITURE CULTURE
FURNITURE CULTURE

色彩搭配

整体空间配色采用低调的中性色彩，米色和白色作为空间的基调色，加以浅棕色家具、墙面和栗黑色柜子以及天花板的走线，让整个空间色彩统一且拥有深浅的变化，打造出多层次的立体效果。设计师选择大气端庄的中国红作为点缀色加以其中，或许是一幅大面积装饰壁画，或者是一张丝绒质地的方形小矮凳，在琴房的功能区，一面猪肝红色的墙壁，给整体空间加温不少，温暖的红色打破了中性色的沉闷和单调，在空间里加以点缀，显得别具一格。

材料运用

设计师运用了大量实木的家具、墙面及大理石地面和桌面，以及亮面的玻璃钢材质的柜板和天花板的走线把空间里的各式家具都串联起来，体现出众却又恰到好处的生活氛围。餐厅处圆形大理石桌面的餐桌上方，对应的是圆环水晶吊灯，独特的造型及线条成为餐厅的一大亮点。木质的椅子和布艺沙发释放出东方特有的沉静与柔和的气息。

设计说明

复述，表露了东西方不同的价值观对话，于西方的空间架构中埋入中式的生活内涵，东方印象的嫣红、诗意，在每个角落发散余韵。

西：空间架构 此案为复式设计，除了开放式公共空间，其余为五间套房与二楼次卧、客厅、餐厅共组。开放的公共领域，以利落的天花板线条与地板切开场域，以色彩与材质的搭接来简化古典线条，尝试在现代与古典的印象之间，找到冲突而融合的契机。

东：中式生活 以东方人的生活习惯为规划脉络，随处可见其踪影，如隐密深入的玄关、大家庭用餐的圆桌、长者使用的主人椅、诗意重重的大理石墙、东方印象的色彩与格栅，在开放辽阔的空间中仍可见其生活层次。西与东的语汇交融，呈现出了诗话中的唯美，现代中的稳重、优雅与从容。

后记

“复述”是现代与古典、东方与西方、自然与都市、本质与奢华的不同价值观相互冲击下的产物，无法归类为现属的哪一风格类别，只在乎复述对话中，呈现出我们笔下的那座新世界。

木本仁心

港湾

设计公司：橙田建筑一室研所
主设计师：罗耕甫
摄影：Ar Her
项目面积：415.8m²
地址：中国台湾高雄市苓雅区

主题风格：现代风格
户型格局：四室三厅
居住成员：4人

主要材料

烟熏木皮、铁件、石材

设计亮点

空间的主要轴线上错落布置了客厅、餐厅、起居室与开放式厨房，整体十分开敞，连续性得以保持。通过客厅向外望去则是休闲露台，使室内与室外清新的景观形成互动。卧室安置在较为安静的位置，在房间的窗边安置了浴缸，泡一个热水澡，同时享受窗外绝佳风景，安适而惬意。

设计说明

建筑物坐落在高雄市港湾区。室内有连续性大面积的开窗，在设计上设计师尽量保持公共空间的连续性，期待取得水平视野的展开，以及生活在港湾的亲水性。

空间中大量使用橡木的自然拼贴木皮，墙上刻意留下沟缝与凸出的实木条，增加光影在墙面移动时的丰富性，呈现出 70 年代的设计风格。木皮做烟熏处理是利用材料本身单宁值的差异性，木皮经烟熏后有更好的色差表现，而在耐候性上，日照及紫外线对材料疲乏的反应也获得改善。

客厅、餐厅、起居室及开放的厨房中岛被安排在公共空间的长型轴在线，也因此空间行为被计划性地整合，室内与室外的美景完全贴合，轴线的端点迎向阳台的景观植栽，形成有趣的对应。墙面及天花板木皮的装修，配以客厅、餐厅及起居室的家具摆设，提供很好的空间连续性表现。利用墙面材料的消光处理及对象间彼此的相对应尺度创造关联性，使得空间中的每个角落有良好的安定感，在既开放又能够疗愈的空间中，能让使用者享受美好的港湾生活。

卧室区则保留了充足的生活尺度空间，以及绝佳的观海视野，风格设计上则刻意拉开彼此的差异性。主卧被安排在最靠近海湾的位置，阳台、卧室、泡澡区打破了空间界定的藩篱，穿透性的设计让三者之间的关系更加密切，并且共享了窗外景致。卧室向阳台借了绿意，使环境与室内空间产生了连结，更让卧室充满阳光与生命力。

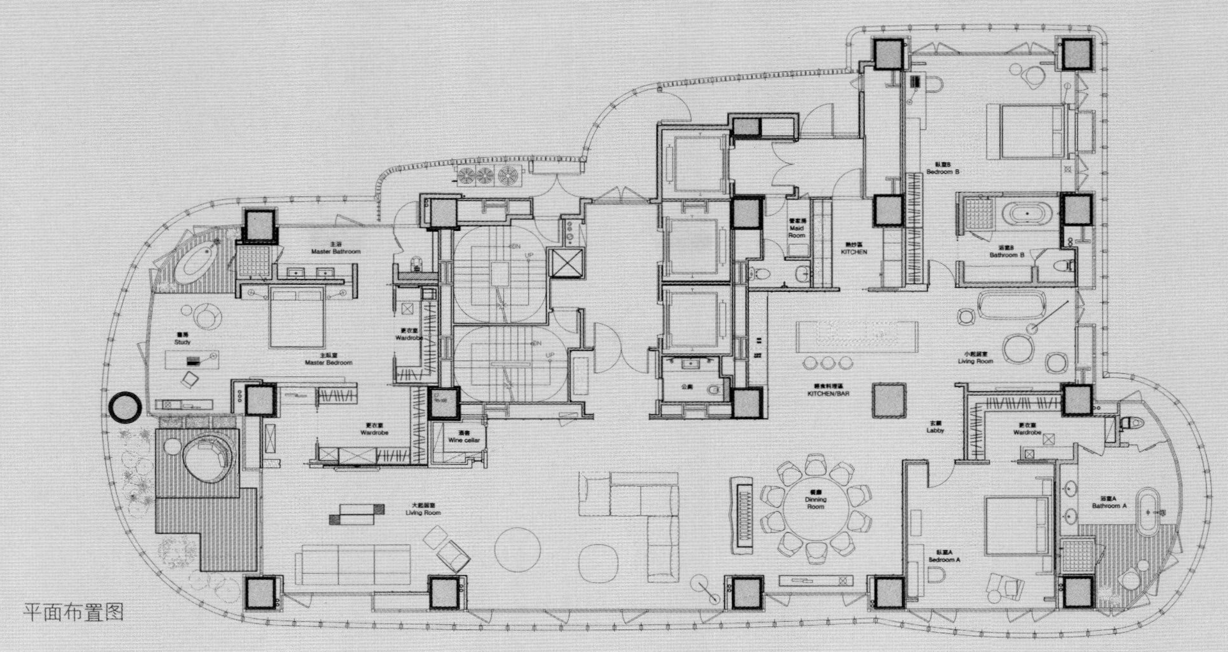

平面布置图

材料运用

空间中主要采用的材料有烟熏木皮、石材、铁件。空间的整体特色便是被大面积的木皮包裹。木材是天然亲和的材质，在视觉和心理上给人以安定感。木皮经过烟熏处理，色彩更变得丰富耐候性也变得更强。木皮墙面自然拼贴的肌理和刻意制造的沟缝，增加了光影照射下墙面的层次。

色彩与软装

空间在色彩上主要以深浅两种木色为主要基调，呈现出暖棕色系。公共区域地面配合主体色调，选择了颜色较浅的暖灰色大理石。卧室地面则是色度相近的浅色木地板。家具、灯具的选用多为国外经典品牌，品质感极强，颜色多为咖色与深灰等大地色系，低调内敛彰显品位。空间中没有过多装饰，因为好的景观与家具自身便具有强烈的表达观赏性。

自然采光

虽然空间中使用了大量的黑色与灰色，但光线仍然十分充足。这得益于大面积的窗户的使用，大量自然光线射入室内，而多处使用的大理石与反光材质，更是保证自然光得以充分利用。例如沙发背景墙的单面镀膜玻璃既能透射又能反射，使得空间中的光线自由穿透，均匀而充盈。

兰馨

惠宇山曦

设计公司：敞居空间设计
主设计师：曾耀征、李淑仪
摄影：吴启民
项目面积：77 ㎡
地址：中国台湾台中市

主题风格：现代简约风格
户型格局：三室两厅两卫
居住成员：一对夫妻

主要材料及工艺

镀钛金属、石材、壁纸

设计亮点

整体空间布局简明得当。进门后的玄关墙也是餐厅的收纳柜。通过玄关右转进入客厅，视线通透到窗外的阳台，豁然开朗。整体布局中，一条东西走向的过道贯通整个空间，使得客厅、卧室等主要空间能够拥有充足的采光，餐厅、厨房、卫生间等次要空间则安排在了北侧。

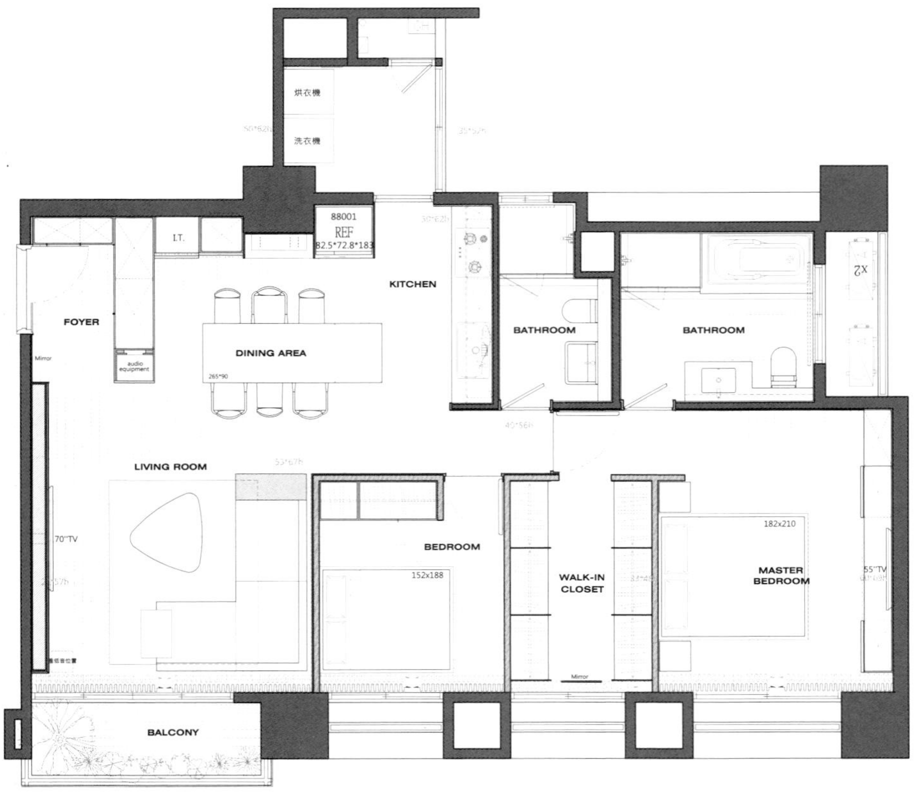

平面布置图

创意收纳

餐厅区域，大面壁柜解决了客厅和厨房的收纳问题，同时，也可作展示柜之用。灰黑色调与室内大面积珍珠灰色相呼应，相近的色系减少了空间的压迫感。客厅通往卧室的过道，一面嵌入式展示墙首先映入眼帘，冷淡的灰黑色调打造出空间整体感，也展示了主人的品位追求。两间卧室间的储物室中，两面墙的置物架满足了家庭收纳的需求，黑色铁艺材质与木质储物柜也迎合了空间的整体格调。

设计理念

欲于城市的喧嚣中，找到隶属于自己的宁静一隅。

设计师在空间围塑上想传达一种内在的突袭，拿捏出冷冽却细腻的美，展开一场设计的探索。

设计说明

在空间设置上，刻意的将多重空间并置，活络了空间尺度。

使用大块面的材质，以达到空间的延展与深化。并融合的相近色系，在空间心理学上大大减弱了压迫与复杂的情绪，在小平米户型里创造最大的空间氛围。

在材质的搭配上，大面珍珠灰色的大理石温润了空间的呼吸，向四周延伸怀抱；镀钛金属时而在更衣室的骨架里，撑起结构的力与美，时而又在中岛区的墙面上，展现如水面一样的沉静；整体灰冷色调的空间，却恰好搭配大量的壁布壁纸，冲击出冷冽却柔软的态度，最后再搭配上木皮与木地板，空间的材质全沉淀于同一面木纹肌理之上。

多元多样的材质，刚硬与柔和反差的对比，却以相近的色系并置，互相揉合以达到彼此相同的凝结点，停留在同一个步伐上，展现张力。

在本案中，设计师为我们提供一次空间场域的探索，捕捉生活中的艺术层面。

设计本身关乎于生活、痕迹与细节，完善的空间氛围投射是与使用者契合而自在的存在，空间的语言最后响应于业主的需求是设计师们的坚持。

创意造型

“

注重韵律

在人文住宅的设计中，并没有太多第一眼就引人注目的夸张或奇特的造型。设计师常常通过简洁流畅的线条，通过比例、大小、形态的变化创造出耐人寻味的节奏感。特别是对于可以引导视线的竖向线条的运用，使空间更具有向上的延伸效果。点、线、面的推敲配合，像是为空间注入了音乐旋律，让静态的造型在家中流动起来。在对折线和曲线的运用时，也注重其统一性与规律性，使其所有的造型都在设计师掌控之中。

结合功能

造型设计与功能相结合，才能使每个造型的出现都恰当且得体。特别是常结合收纳橱柜设计的造型，既美观又实用，还有移动可变的推拉门，而空间原有的梁柱和边角，也常被设计师打造成收纳橱，或是贴合镜面等造型手段进行处理而巧妙化解。

主次分明

设计师在设计时并不是每个空间均匀用力，那样很容易让人产生审美疲劳，而是每个空间的设计中，留下一两处点睛的伏笔。设计师一般会花较多心力在客餐厅区域的墙面和顶面的造型，入口玄关的设计也常使人眼前一亮。

”

阳光协奏曲

工之所在

设计公司：禾筑设计
主设计师：谭淑静
摄影：吴启民
项目面积：290m²
地址：中国台湾

主题风格：现代人文风格
户型格局：五室两厅
居住成员：5人

主要材料及工艺

玫瑰木、订制胡桃木皮、胡桃实木、石英石台面、茶镜、磁性漆、白板漆、白板玻璃、银狐大理石、金峰大理石、钢刷胡桃木皮、薄片砖、铁件烤漆、金属钛板、投影漆、橡木染白自然纹钢刷木地板、雾面石英砖、夹砂压克力、纤维水泥板

“

设计亮点

在此空间中采用的木饰面吊顶，绝对赚足了眼球。不同于一般的石膏吊顶，本案中天花板采用凹槽的形式，凹槽左右两侧倒圆角，造型犹如抽象简约的穹顶，以梁为界，有秩序的排布。吧台上方的木质吊顶横穿了整个客厅，并嵌有随机分布的灯带。整个木吊顶浑然一体又不乏变化，是空间中的重点造型。空间中的墙面与木饰面下方多处挖了拱形的小门，小巧可爱，是设计师为宠物贴心考虑的路线，小拱门的出现为空间增添可爱的一面。

”

设计说明

这是一个很会经营生活的女主人，在忙碌的工作与家庭生活当中，从烹饪、手作、摄影、音乐等各种活动来增进与朋友、家人的感情，更擅于用各种影片剪辑工具来记录串联所有的活动轨迹与记忆，是一个知性与感性并存的生活家。房子是坐落在一都市的高楼层空间。

房子本身条件极佳，拥有两个大露台的宽大空间，阳光充足，通风良好。业主特别喜好木头的材质，因此选了一个北美胡桃木纹理的厨具，以此为主调并整合以上的屋况条件。禾筑设计希望打造出一个温暖的、有业主个性的现代舒适好宅。公共空间之客厅、餐厅、厨房的关系采取自由开放的平面格局，在通往私密空间(卧房）的过道，规划出为家人们共同的书房阅读区。纹理自然高贵的北美胡桃木为主要肌理搭配白色银狐大理石延伸开来，设计师精确的规划木质材与白色的质材比例分配，嵌入条状分布的灯光设计与弧形的天花板造型让空间显得开阔壮大，无高低差的平整地面更点出了全场域畅行无阻的概念。

平面布置图

此项目也可以说是高度的克制化与细致化的，" 每日的生活 " 的居家设计。所有的设计均以主人生活动线与习惯来模拟并加入丰富的创意量身订做。

聪明的收纳与整合的巧思处处可见，如书房区域可归位的手动推车，收纳所有材料的滑轨抽屉。电源开关与电线的层次定位，厨房中方便随时归位的层板，置放烹饪用品、调味料的收纳柜等，都是为了女主人使用便利以一目了然的方式规划设计。

玄关展开式鞋柜内层以板 45° 倾斜设计。主浴室双向面盆化妆柜运用金属架构，除了视觉的穿透感之外也借此为浴室之隔断等，都是符合业主生活习惯及人体工学与创意的设计，另外为了主人的爱好与兴趣的设计还有景观露台与植生墙、宠物狗狗的专属饭食区与造型任意门等。

钢琴演奏区作为摄影区的中岛还有整片的投影电视墙，可以一边录影做菜的过程，一边同步投影在电视墙上即时端赏。集高度艺术与高端科技之大成，兼具个性化与实用化，重视 " 人的使用 "，延续业主的生活经验并为居住者创造新的生活体验，是此案最精彩也最重要的核心所在。

空间布局

客厅、餐厅与吧台三位一体的空间中，将主要家具都摆放在中间，周围留出回形路线，流线自由且使得各个功能区彼此联系更加紧密。阳光充足且安静的东南侧留给了两个卧室与书房，而光线较弱但容易到达的位置则安置了储物间与洗手间。整体布局合理明确。

软装配色

无论是空间中球型、圆筒形的选用，还是边角弧线的沙发与边几，都与硬装风格非常统一，同时也展现了房间主人与设计师软萌的内心。壁橱门上出现的造型独特的小狗门把手，更体现了主人的爱心。色彩上除了吊顶与部分墙面的暖棕木色，其他大部分以白色为主，黑白关系明确，再加上海蓝色的推拉门与苔藓绿色的餐厅纹理背景墙作为点缀，空间氛围衬托得更加清爽宜人。

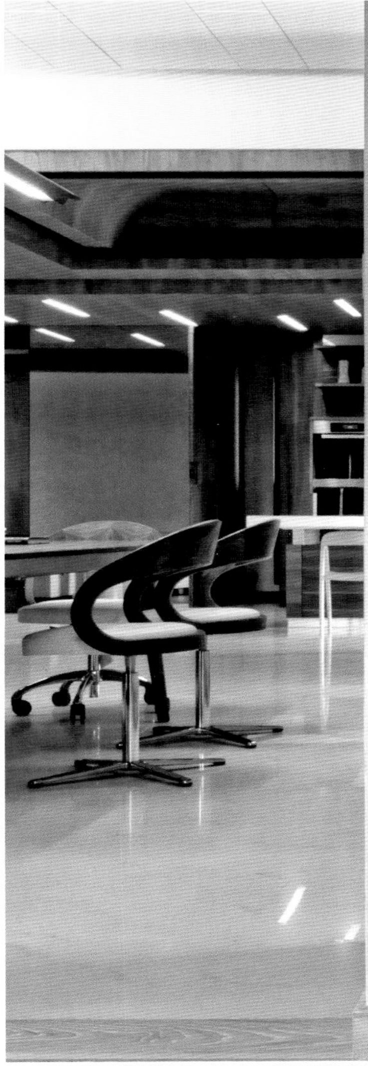

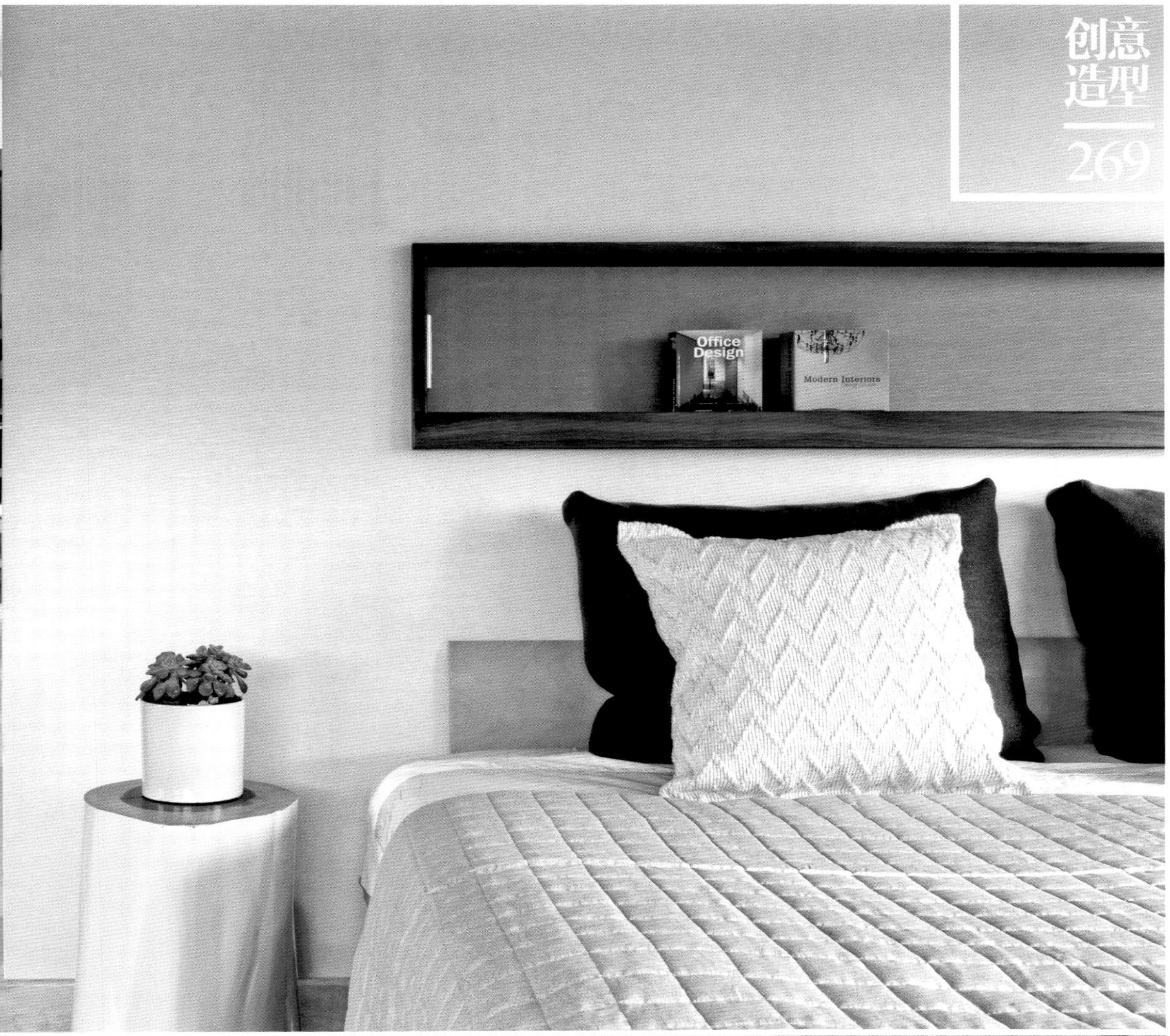
Office Design
Modern Interiors

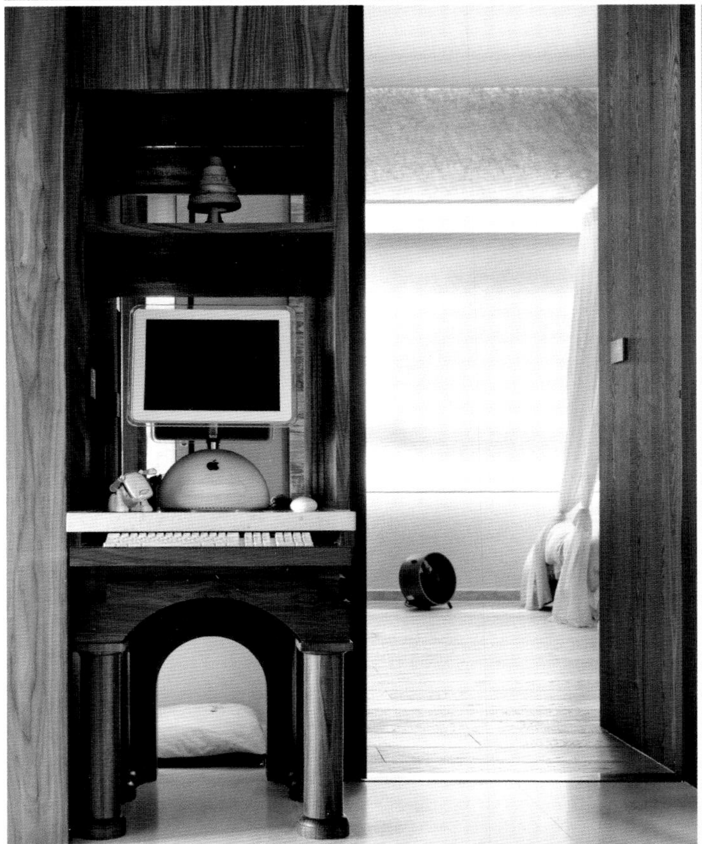

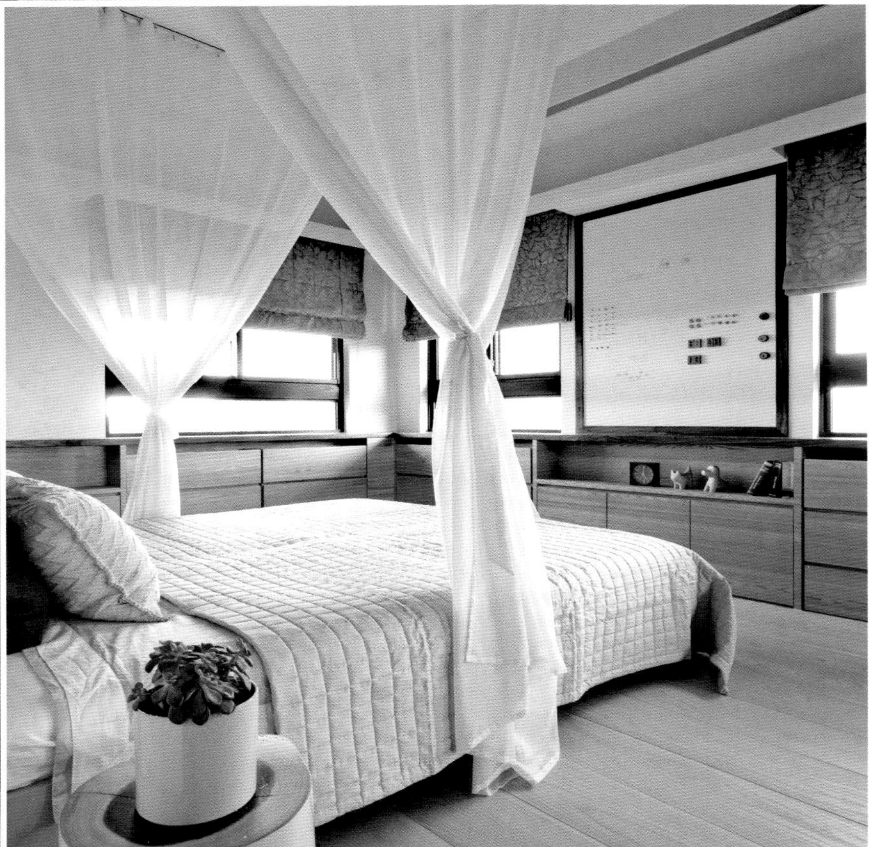

汇流

镌刻家族记忆

设计公司：演拓空间室内设计

主设计师：殷崇渊

摄影：游宏祥摄影工作室

项目面积：214.5m^2

地址：中国台湾新竹市北区

主题风格：现代简约风格

户型格局：四室两厅两卫

居住成员：一对夫妻一个女儿

主要材料

黑金锋大理石、银白龙大理石、银狐大理石、木皮、美耐板、喷漆铁件、灰玻璃、墨镜、烤漆玻璃、仿模板瓷砖、马赛克瓷砖

设计亮点

空间中使人印象极其深刻的是在天花板上蜿蜒流淌的、如同溪流一般的特殊装饰造型，在使空间变得灵动的同时，也令空间中被包住的结构梁部分不显得过于厚重。这条“溪流”由入口玄关处开始，在此处，黑色大理石上通过镶嵌在上面的闪亮的不锈钢刻字“2009Everything begins and never end”撰写出了这个家美好故事的开始。“溪流”时而分开时而聚合，贯穿整个空间。过道夹着湖泊一般的椭圆形镜面，通过反射使空间具有向上延伸的效果。为了突出这一造型，天花板造型在其他位置做的非常简约，主次分明的表现了重点。

设计说明

本案多利用圆弧形的设计，改变制式的方正格局，除了能更充分的利用空间，也让整个空间显得圆润。天花板上流线型的线条像河流一样的串连着整个家，制造了视觉上的亮点。虽然整体色系偏深，但通过好的采光、跳色的家具，让家亮了起来，也显得时尚、现代。

结合居家调查，设计师在玄关设置了收纳柜，也替小孩规划了未来能改为书房的游戏室。好的设计是体贴使用者，让生活更简单。

材质运用

沙发背景墙选用的单面镀膜玻璃在满足采光功能需求的同时，也非常有趣，客厅中看不到书房，在书房中却可以看到客厅，在保证功能的同时延伸了空间视觉。玻璃通过烤漆黑色金属线条分割成大小不一的八块，将其中几块进行喷砂处理，打造出丰富的质感效果，使其非常具有趣味性。

自然采光

虽然空间中使用了大量的黑色与灰色，但光线仍然十分充足，这得益于大面积的窗户的使用，使大量自然光线射入室内。而多处使用的大理石与反光材质更是保证自然光得以充分利用。例如沙发背景墙单面镀膜玻璃，既能透射又能反射，使得空间中的光线自由穿透，均匀而充盈。

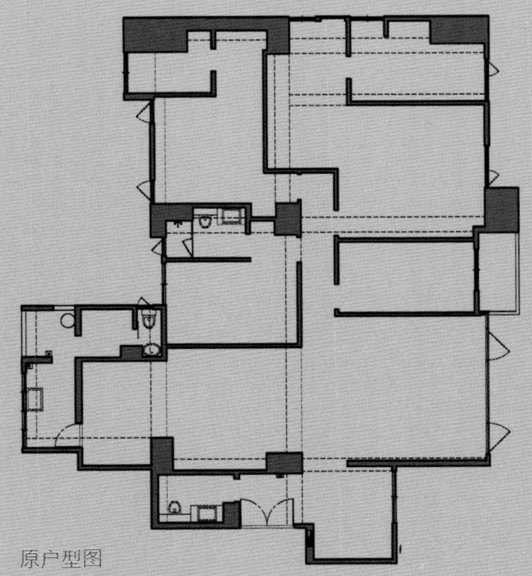
原户型图

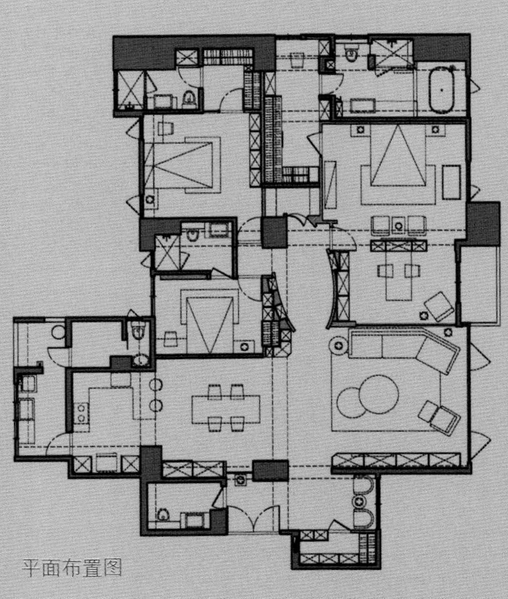
平面布置图

色彩与软装

本项目以沉稳时尚的黑灰色为主基调，其中墙面多以重色为主，天花板与地面颜色较浅。局部搭配橙色家具和绿植点缀，使空间时尚又具有活力。家具的选用配合空间整体造型，版型硬朗而边角柔和圆滑，颇有外圆内方的哲学观之意，也与硬装造型十分搭调。

采撷记忆

展别墅设计

设计公司：禾筑设计
主设计师：谭淑静、吴伟豪、陈芊桦等
摄影：吴启民
项目面积：$238m^2$
地址：中国台湾北部地区

主题风格：现代简约风格
户型格局：八室五厅五卫
居住成员：一对夫妻一个儿子

主要材料及工艺

木皮（翡翠木）、石材（帝王灰）、烤漆金属、抛光石英砖、超耐磨木地板、文化石、烤漆玻璃、手作特殊涂料

设计亮点

作为一栋四层的住宅，楼梯的造型显得尤为重要。本案例中，楼梯采用黑色铁件的特制扶手，扶手的线条有节奏的上下错动，像是给空间注入了背景音乐，配合木质踏步给人轻盈趣味的感受。空间中两组灯具的设计也别一格，首先是一层餐厅中，简约木质条形灯相互之间不规律成角度的悬挂，好像一棵大树的枝桠，带来轻松的用餐氛围；另一处则是二楼走廊墙面的壁灯，其别致的造型、富有韵律的垂直线条,也是设计师为此空间量身打造，让灯具成为空间的装饰造型。

规划背景

这是一个自地自建的项目。业主的爸爸在其年轻时传给业主一栋房，业主也想保留这个传承，将这份家族的心意延续。于是在确认地点后，业主便委托禾筑设计从建筑至室内到外部景观进行设计。

设计说明

此项目建筑设计三面采光，每个面都可以引进大量的自然光，让整个空间都是明亮且充满生命力的。此建筑总共四层楼，每层楼的楼高均有 3.6m 以上，考虑到其方便性，设计师也在屋内设置了电梯。垂直动线的楼梯采用轻盈的铁件结构搭配温暖的木地板踏面，使其不仅成为空间中的焦点，也增加空间的空气流动性与透光性，仿佛感觉到建筑的呼吸。

一层平面布置图

此建筑一楼挑高 4.2m，显示其公共空间之大气，天花板设计上不因使用功能不同而分断，利用斜面天花板的延伸，延续着客厅、餐厅的空间语汇。

天花板的灯具搭配也是一个视觉的焦点，随着功能的不同，从客厅区的造型灯槽延续至餐厅空间的吊灯，暗示着相聚的家人就像是团聚在树下一样。灯具也可随着不同的使用方式营造不同的氛围。楼梯下利用不同高度的地板，除了有隐藏原本于地板上的储水室盖板的功能外，也丰富了空间的层次。

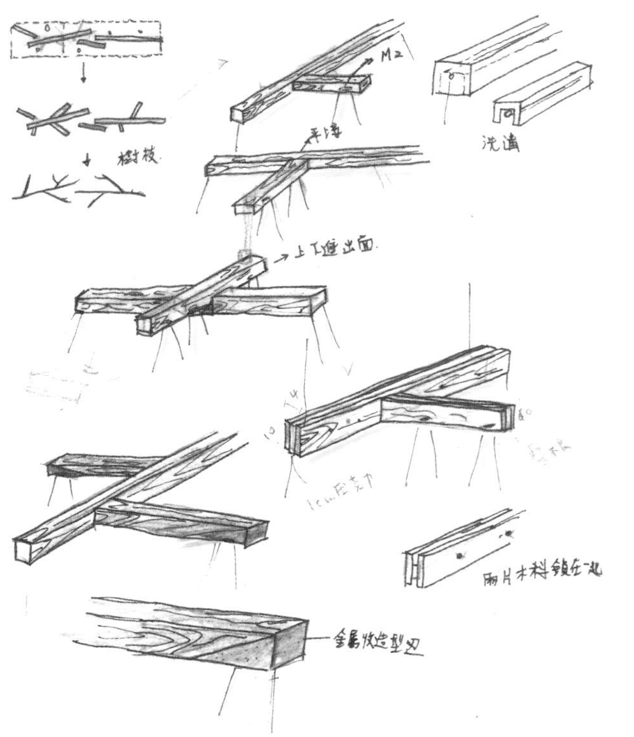

灯具设计

一楼餐厅的吊灯“一张桌子”与二楼的壁灯“号角”为禾筑设计的总监 Tam 为了这个空间亲自设计，其设计概念如下：

“一张桌子”

小时候在大榕树下，孩子们夹着拖鞋拉着裤子奔跑，老人们在棋盘上进行着无语的厮杀……对家的原始记忆始于树荫下。

以"传承"为理念，延续天花板造型转折于餐桌上。用餐时，带着如线如点的光，彷佛透过树叶中落下的阳光，藉此凝聚家人温馨片刻。

“号角”
壁灯等于挂饰，突破对照明灯具的概念。
宽大的墙体上找不到合适承载的壁灯，
动脑筋自己设计。
号角——宣告之意。高低及进退不同的
管及面代表如角声长短轻重的意思。

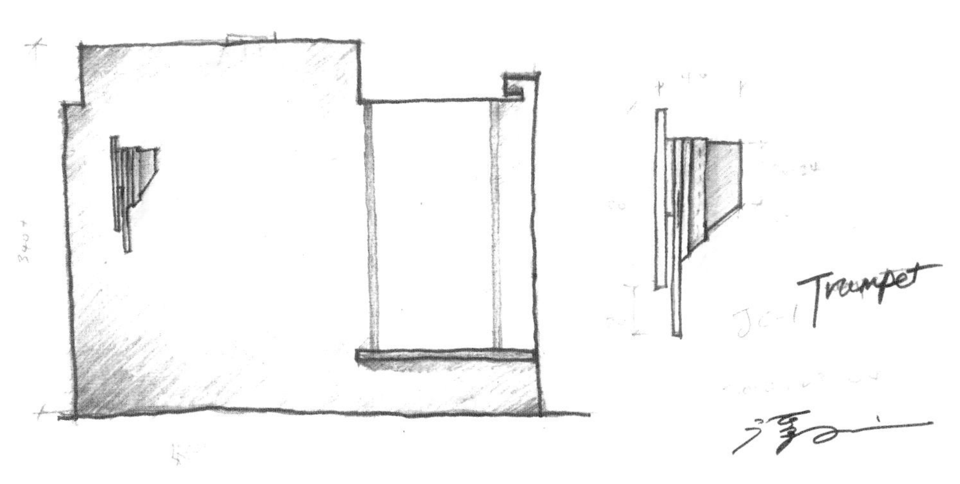

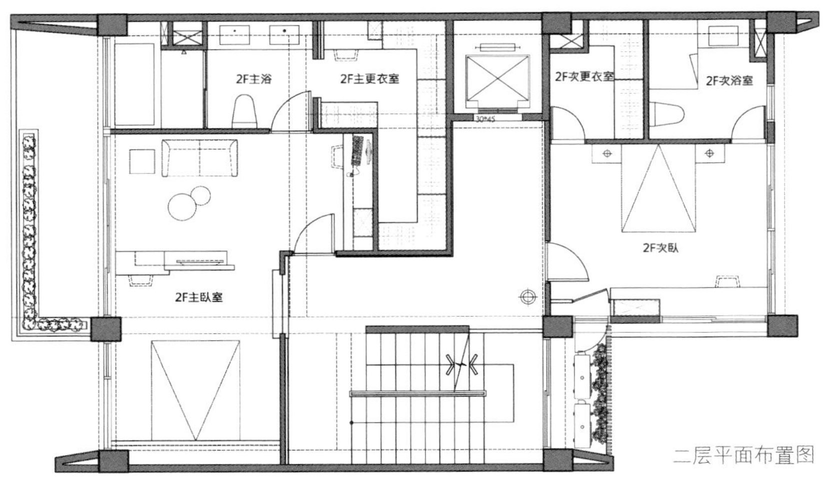

二层平面布置图

二楼为业主夫妇的主卧，除了完整配备浴室及更衣室外，设计师在设计时，故意留空部分墙体，以便业主在房内便可观赏走廊端景。设计师还将主卧的自然光带进原本较暗的廊道，增加房间内外互动性。

墙面层板除了可摆设植栽及放置物品，下方层板也加入了有动线指引功能的夜灯，高度经过设计后可不影响睡眠，保证夜间行走的安全性。随业主夫妇使用功能不同，卧室内分别设置两处书桌区。床前的矮墙结合电视背景墙及书桌的功能，也增加卧床区及起居室使用者的互动性。

二楼客房将主要使用空间放空，利用软装摆设定义空间。将浴室及收纳功能分别设置于床头后，隐藏必要物品的收纳区域。

材料运用

二楼卧室门口的走廊墙面以青砖贴面，易让人勾起旧时回忆，与空间中多处使用的木饰面相互呼应，带来自然的感受。墙面大面积留白，体现了业主对简约生活的向往。客厅、餐厅部分采用耐磨反光的浅米色瓷砖，地板与部分墙面的木饰面一深一浅地拉开彼此关系。

自然采光

由于建筑是三面采光，所以室内几乎每个需要采光的房间都拥有一扇大大的落地窗，有的房间甚至有 L 形落地窗，非常高效的增加了室内光照面积，使整个空间通透敞亮。阳光穿透窗户进入室内，产生丰富的光影，令人置身其中如被光线净化一般。

三楼整层为业主儿子的生活空间，楼层接口处利用大拉门与公共空间区隔，将固定柜体等收纳功能设置于侧边，放大其他开放空间，仅以家具摆放方式来定义各空间使用行为，保留其空间配置的弹性。因业主儿子喜欢旅游，所以设计师特别设置了大量的展示柜以便摆放旅游的纪念品，床区以架高木地板区隔与其他空间的不同，后方墙面的地图挂画也是依照整体空间色系设计的。

四楼为客房及视听室。依照法规而成的建筑斜屋顶，除去一般惯性手法，使之转换成整栋建筑收尾的亮点。大面开窗在垂直楼梯动线上增加了自然光照面积，利用阳光经过楼梯洒落在墙面的阴影形成美丽的倒影。视听室的大面落地窗，将露台及室内空间整体串联。设计师将建筑内外的关系弱化，户外的绿意自然形成室内的端景，模各空间的边界，保留其未来性。传承的家不只是家，还有无限的可能性。

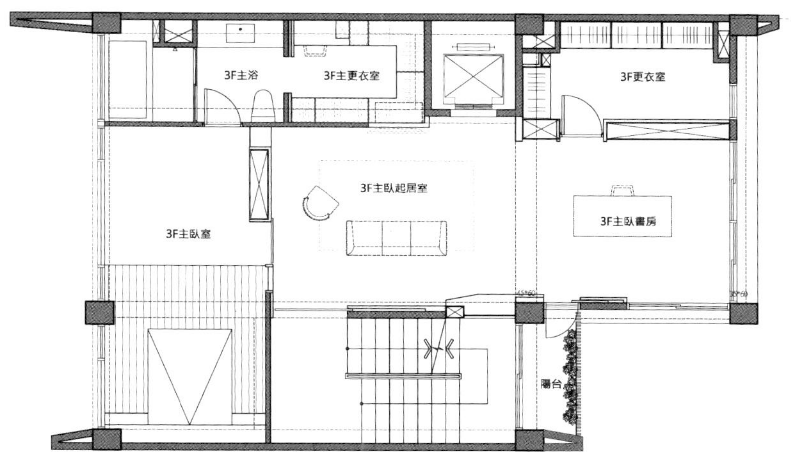

三层平面布置图

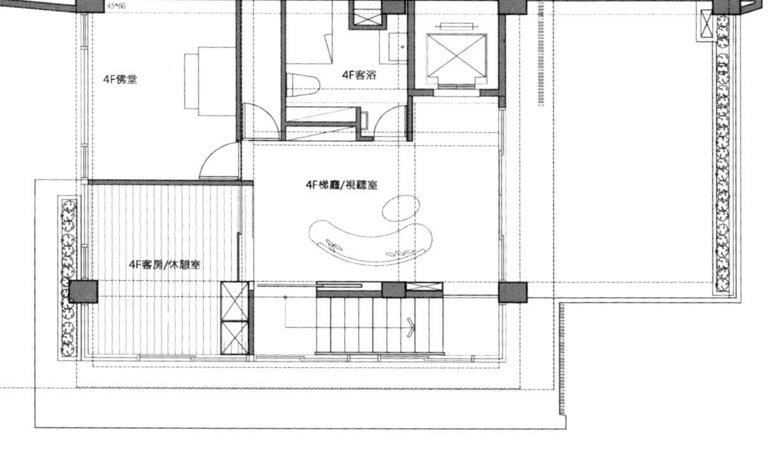

四层平面布置图

曲径通幽

深坑帝品苑

设计公司：森境&王俊宏设计
主设计师：王俊宏、曹士卿
摄影：KPS 游宏祥
项目面积：166m²

主题风格：现代时尚风格
户型格局：三室两厅两卫
居住成员：一对夫妻、一个男孩

主要材料
超耐磨木地板、银狐大理石、喷漆铁件

设计亮点

延续的弧面造型统一了整个空间，木质板材从洗手池蜿蜒向上勾勒出门洞的弧线，紧接着翻转90°润化了电视墙与过道顶部相接的直角。客厅另一面墙则打造了收纳橱，中间掏出曲线边角的孔洞做成展示架，吊挂的灯具使其别具韵味。收纳壁橱连接的墙面也做了弧线造型，使得整个空间产生多方向的弧线，极具趣味性。

设计说明

玄关蜿蜒的过道，引领动线，循序进入客厅，曲线的创意，来自诗人常建的《题破山寺后禅院》里“曲径通幽”的意境，同时兼顾储物间格局安排，让进入客厅的空间，豁然开朗。

结合展示、盥洗台功能的开放空间，巧妙区划玄关、过道、客厅、客用卫浴的格局，形成空间界定。

延续曲线造型的天花板设计，定义过道动线。透过大片玻璃铁件拉门，让厨房、公共区的视觉串联，达到空间放大的效果，同时替过道引光。

顺着过道动线的延伸，隐约窥见采光明亮的工作区，转身进入这一方小天地，罗列的拼布置物架如彩虹般亮眼，激发源源不绝的手作创意灵感，呼应居住者的个人喜好。

私领域卧室的天花板，延续蜿蜒曲度的语汇，藉此修饰结构梁。复合功能的三用电视柜兼收纳柜，界定了寝居区与更衣间，提高空间使用效率。不做满的柜体及开放的双动线设计，充分达到舒压放松的效果。

创意收纳

玄关蜿蜒的过道，在引领动线的同时，也兼顾了空间的储物功能。小书房内，色彩缤纷的置物架展现了居住者的性格及个人爱好。而公共区域嵌入式壁柜结合了展示与收纳功能，为空间增加独特的人文魅力。私人领域中，电视柜兼具收纳功能，还成为了更衣间与卧室的分界线，创造空间更多的使用功能。

序曲

实住吉-陈公馆

设计公司：拾雅客空间设计
主设计师：许炜杰（Janus）
摄影：小雄梁彦
项目面积：109㎡
地址：中国台湾台北市

主题风格：现代休闲
户型格局：三室两厅两卫
居住成员：一对夫妻、一个小孩

主要材料及工艺
木皮、铁件、玻璃、镜面、壁纸

“

设计亮点

竖向不规律的线条一直作为主旋律出现在空间中。餐厅背景墙面用一条条粗细不均匀的竖向镜面切分开，时断时连的反射了空间中的场景。设计师在客厅、餐厅中打造了整面的百宝阁，使竖向橱板与横向搁板间距不规则分布，并且将两个方向的木线条以不同色彩区分开，使造型充满变化。电视背景墙与卧室壁橱上凹凸不平的竖线条，依然切合主旋律，阳光照射下，光影将线条强化，丰富了空间的视觉效果。

”

创意造型

沙发向前挪，以错落有致的展柜代替了千篇一律的沙发背景墙，客厅、餐厅整面墙打造成壁柜，兼具了收纳与展示功能，令空间更具内涵。镂空的铁艺置物架充当了屏风的角色，不仅有视觉透视感，减少空间封闭压迫，界定了餐厅与客厅，还提供了大量的收纳、展示的功能。私领域的主卧中，复合功能的电视柜兼收纳柜，创造空间更大使用效率。

设计说明

本案以中产阶级及以上的阶层，以崇尚经典和艺术的高品位生活、有艺术追求的客户层面为目标定位。本项目设计摒弃繁复和表面化的装饰风格和普通装饰手法，在功能设计和审美设计上追求优雅低调又具有时尚感的艺术气息，并具有贵族气质。

此宅以黑色、白色调为基底搭配木皮设计展现出雅致韵味。玄关连接到餐厅的茶镜，让业主能在出入时随时整理衣着及容貌，也让整体空间显得更宽广舒适。客厅、餐厅整体壁面做铁件木皮展柜，兼具展示、收纳功能使视觉丰富。厨房以铁件玻璃拉门与餐厅做间隔，不仅有视觉透视感也减少空间封闭压迫，在餐厅享用餐点同时，厨房忙碌的温馨美景也映入眼帘。通往房间的走道以壁贴做视觉的终点也是一景，一点小变化让空间更为突出不单调，木质的应用让居家内心也温暖了起来,让业主能尽情享受居家生活。

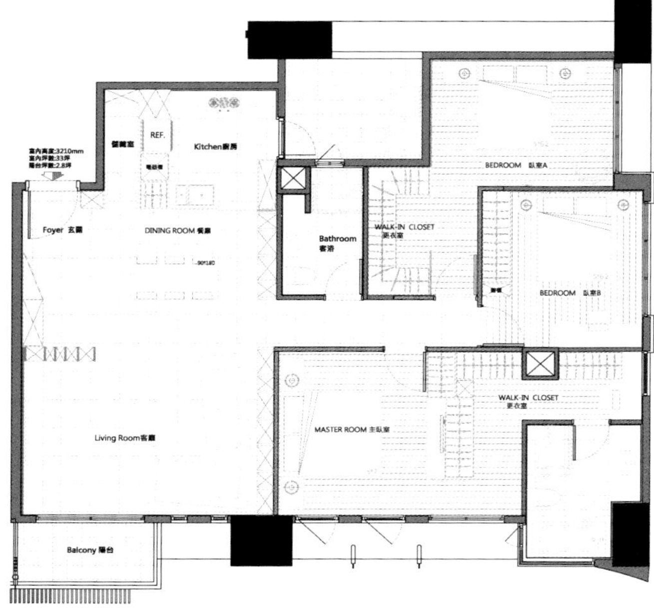

室内高度:3210mm
室内坪數:33坪
陽台坪數:2.8坪
儲藏室
REF.
Kitchen廚房
Foyer 玄關
DINING ROOM 餐廳
Bathroom
客浴
WALK-IN CLOSET
更衣室
BEDROOM 臥室A
BEDROOM 臥室B
WALK-IN CLOSET
更衣室
MASTER ROOM 主臥室
Living Room客廳
Balcony 陽台

平面布置图

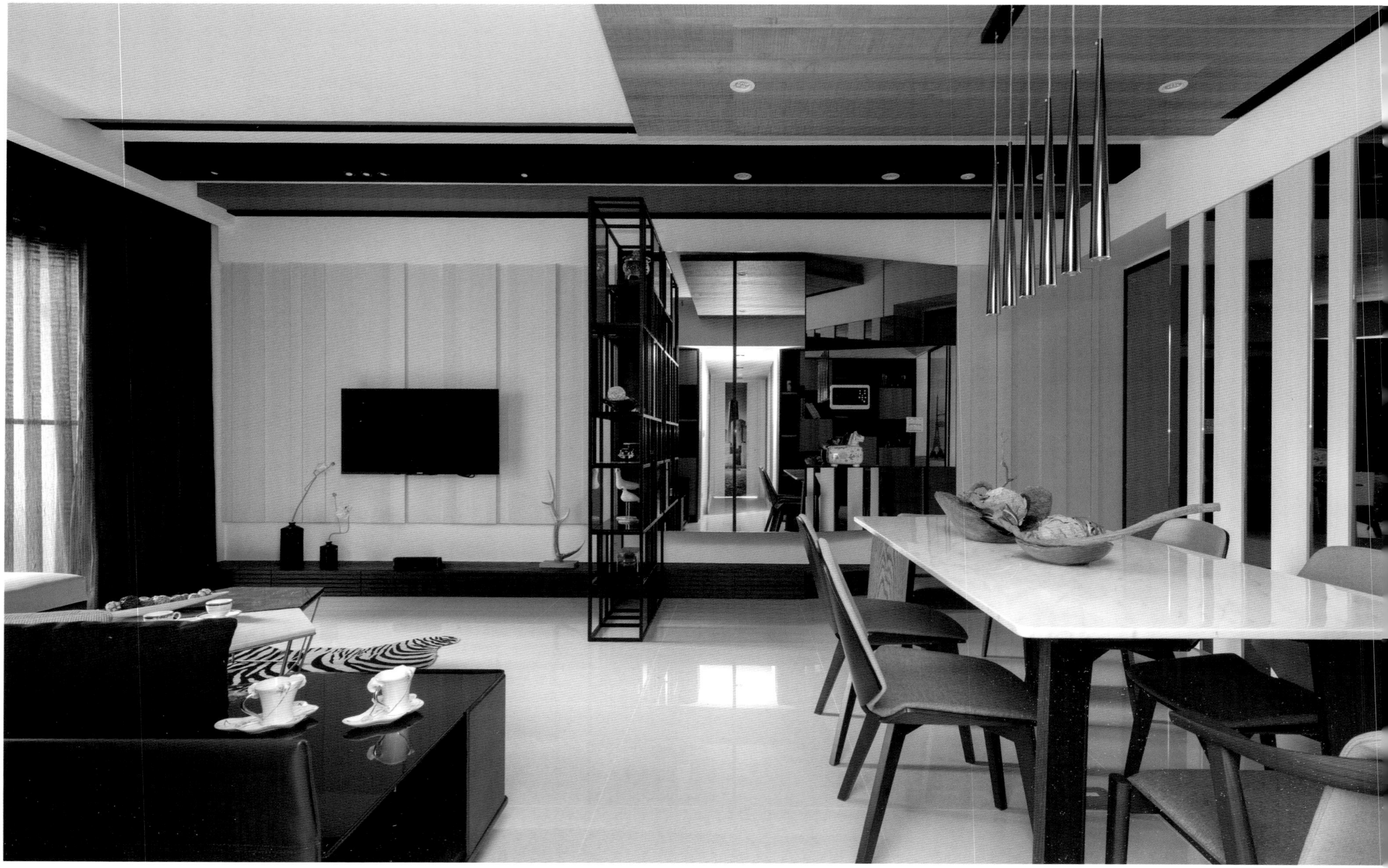

O VIOLA

引景入室

“

乐享自然

设计不仅仅是美化室内的小环境，美好的自然环境更是设计时的珍贵元素。在拥有良好自然环境的住宅，设计师全力将景色引入室内空间，使其成为配角来衬托自然环境带来的舒心景色。设计师常常设置大面积落地窗使得室外景色最大化呈现，或是用空间体量构成景框让美景如同画卷一般被装裱起来，使居住者置身室内也感受的到自然的乐趣。

内外呼应

为了与室外的绿色能够遥相呼应，室内陈设的选用上也常常增设绿植，小小绿植将室外的绿意引入室内，拉近了人与自然的距离。为了让主人在客厅中就能感受到美景，设计师经常采用客厅与阳台开敞相连的布局，让景色延伸穿过空间，拉长视觉距离，带来通透之感。

”

城市之巅

香港蔚然

设计公司：森境 & 王俊宏设计
主设计师：王俊宏、黎荣亮
摄影：KPS 游宏祥
项目面积：300m²
地址：中国香港

主题风格：现代时尚风格
户型格局：五室三厅六卫
居住成员：夫妻二人

主要材料及工艺

钢刷木皮、ICI 乳胶漆、爵士白大理石、实木地板

设计亮点

坐拥美丽海景的高楼，无论在哪里都是一种自然的享受，而在人口密度极大的香港，这显然是一种奢侈至极的享受。为保留这种得天独厚的优势，本案设计师尽量减少人工雕琢的痕迹，使用大面的落地玻璃，让空间向不远处的海港敞开，将温暖的阳光、柔软的风拥入怀抱，让居住者远离城市的喧嚣，在家中也能感受到“面朝大海，春暖花开”的惬意和悠然自得。

软装配色

客厅、餐厅整体开放式的空间中没有太多的色彩堆砌，白色和温润的木色是空间的两种主色调，演绎出年轻、时尚又不失沉稳的格调。米黄色的沙发作为搭配，给人温馨、柔和的感觉，蓝色的餐具、抱枕，红色的装饰画，作为点缀色运用在空间中，跳跃而不混乱，活泼又不失温柔，是一个别具戏剧性的色彩搭配，对人的视觉有绝对的吸引。整体灰褐色调的主卧中，配以灰紫色沙发，带来优雅、舒适之感，床头橙黑色吊灯，瞬间打破空间的枯燥、拘谨，同时赋予空间独特的个性。

在城市之巅，汇聚生活之美

居高临下，在夕照洒落之际，
沐浴于贯穿纵轴的金黄阳光下，
临窗远眺，看繁忙的都会生活。
当夜幕低垂，唯有此处，
得以坐拥繁星落入凡尘的至美。
在城市一隅，
独享入世、脱俗的生活之美。

设计概念

此宅在人口稠密的香港，得天独厚坐拥海湾美景的高楼，拥有绝佳天然条件。设计师以减法设计的概念，让人工雕琢降至最低，空间彷佛融入都会景观中，浑然天成。

因应自然条件的轻装修，展现十足的现代氛围。此项目格局变动最少，景观保留最多，光线、空气流动最佳，没有矫饰浮夸的人工照明，只有饱览东方之珠至美夜景的低调灯光，让家，成为休养生息的所在。

一改过往无色彩的风格，呼应年轻夫妻性格特质，将色彩巧妙置入软装布置之中。在白色与温润木质铺陈的空间基调下，装点着些许沁心的蓝、一丝暖心的红与黄，恰到好处的用色，如同画龙点睛的神来之笔，让生活更有味。

看似轻描淡写的空间改造，却如日日啜饮的活水，滋养着生活必需的养分，那滋味，又如愈陈愈香的佳酿，随时间累积，愈见精彩。

森呼吸

内湖仰山苏公馆

设计公司：演拓设计
主设计师：殷崇渊
摄影：游宏祥摄影工作室
项目面积：115.5m^2
地址：中国台湾台北市内湖区

主题风格：现代轻奢风格
户型格局：两室两厅两卫
居住成员：一对夫妻、一个女儿

主要材料

黑金锋大理石、银河灰大理石、木皮、美耐板、喷漆铁件、墨镜、烤漆玻璃、透光石

设计亮点

显然，该公寓有着得天独厚的自然环境。设计师运用借景入室的方法，将公共区域大面积的落地窗面向大片的绿色开启，让人可以足不出户就能感受到大自然赋予的美景，打造出一种“天人合一”的美好居住环境。而在室内，设计师也不忘布置绿植，使室外自然环境与室内空间产生有趣的共鸣，赋予空间灵动美感。卧室内，设计师则减去了多余的色彩装饰，唯有一窗绿意，让人抛却世俗的一切烦扰，惬意的拥抱自然。

ENCO VIOLA
ENCO VIOLA
ENCO VIOLA
11 58
ENCO VIOLA
ENCO VIOLA

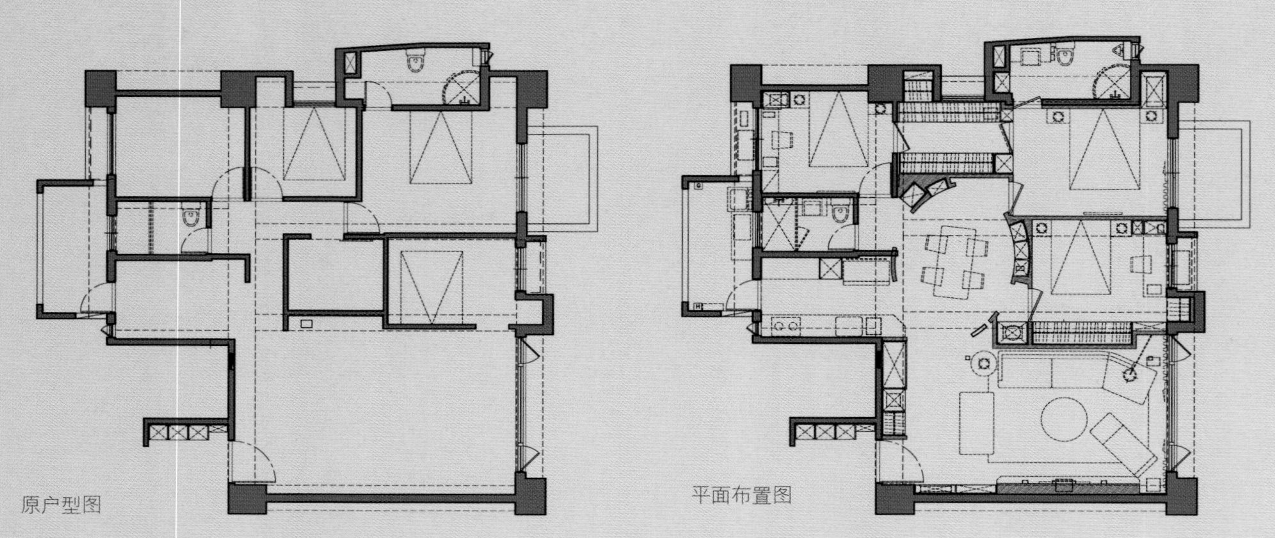
原户型图

平面布置图

创意造型

餐厅处打造了曲面造型的收纳柜，以白色的木线做装饰。时断时连的弧形收纳柜将整个餐厅包裹，也整合了此处作为交通枢纽所产生的多个门洞。在弧形墙面与客厅的分割处嵌入了人造石透光板，既起到装饰作用，又起到照明作用。电视背景墙与储物格结合，纵横之间线条交错，使大理石墙面不显厚重沉闷。

自然采光

落地窗、白色的薄纱窗帘、正对落地窗的镜子及设计师早已铺下的白色主色调，都成为公共区域里引光入室的巧手。餐厅、厨房与客卧之间则使用了白色的储物柜作为空间的区隔，既保持了彼此的独立性，又确保了空间内清晰的可见度及适宜的采光与通风。而通过各功能区域内的玻璃窗洒进来的阳光也能彼此呼应、交融、充满整个空间，从而降低人工照明的成本，也让空间内素雅的色调也在阳光的下呈现出一种宁静又蓬勃的生机。

浮光掠影

泽光映影

设计公司：源原设计
主设计师：谢佩娟、蔡智勇
摄影：岑修贤
项目面积：303m²
地址：中国台湾台北市

主题风格：现代简约风格
户型格局：四室两厅
居住成员：一对夫妻、两个小孩

主要材料

石皮、仿水磨漆、仿锈铁漆、喷漆、橡木、石木、石材

“

设计亮点

走进这坐落于河畔的宽广空间，大面落地窗框架出的山水河景，率先映入眼帘。对应这个特点，设计师意图通过创造“倒映”的方式，在空间内模拟大自然美妙风光。在开放式的通透格局中，大面积的自然采光确保了室内各角度的可见性。透过巨大的观景窗，进入室内的还有明媚的阳光和温暖的风，结合室内自玄关而起的山水意象，创造出宁静而富有张力的空间力量。

”

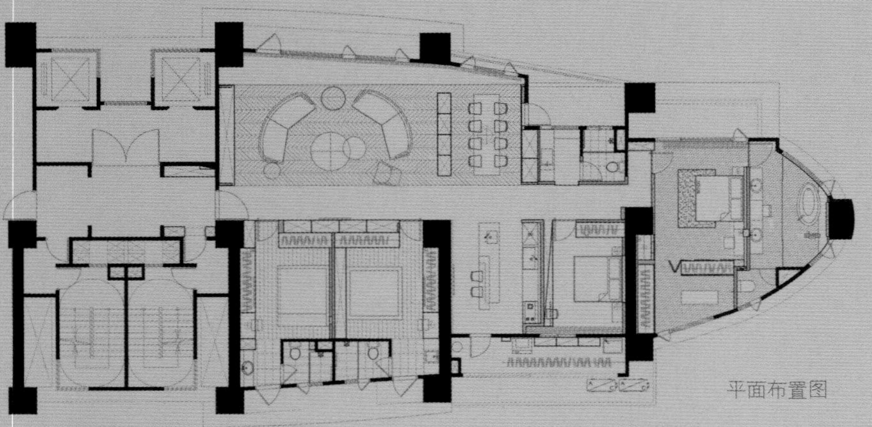
平面布置图

走进这坐落于河畔的宽广空间，大面落地窗框架出的山水河景，率先映入眼帘。对应这个特点，设计师意图通过创造“倒映”的方式，“延续”出不同层次的空间光影与室内景观，天花板是“云”，灯槽是“阳光”，模拟大自然的光与影。

行云流水般的灰色石材，自玄关走道一路延伸至整个开放空间，将山水意象引进室内，延续室外的自然景象，创造大胆而宁静的空间力量。

材料运用

空间看似简约实则暗藏心机，卧室背景墙和地板玩转空间体块的切割与穿插，达到简约而不简单的设计。公共区域的天花板镶嵌条形灯槽，不规则的排列，却乱中有序，合理散布光源，装饰又实用。客厅的电视背景墙是可推拉的，关上时将电视收纳其中，整个墙面呈现完整开阔的状态，极具现代感。客厅与餐厅分隔的夹胶玻璃隔断使空间更为时尚，也使视线和光线畅通无阻。

创意造型

楼梯流畅的曲线婉转上扬，如同伫立在空间中的雕塑一般装点了整个客厅。客厅区域顶部造型上拆除了原有楼板，使得空间变得高挑，楼上楼下交互性更强，采光也更为充足。从客厅向上望去，可以看到室外侧的木质多宝阁造型墙，达到一景两用的效果。

MARILYN MONROE

MARILYN M
KELLY HOPP

空山新雨后

沐光折域

设计公司：禾筑设计
主设计师：谭淑静
项目面积：$140m^2$
地址：中国台湾

主题风格：现代时尚风格
户型格局：四室两厅两卫
居住成员：一对夫妻、一个儿子、一个女儿

主要材料

北美胡桃实木皮、水波纹枫木实木皮、马赛克瓷砖、薄片板岩、特殊涂料、镀钛金属板、粉体烤漆金属板、非洲柚木实木板

“

设计亮点

从进门开始，设计师将大片窗外绿景引入室内，自然光线充足确保了室内的明亮与温暖。而室内绿植的点缀，搭配温润的木色为空间营造出清新的氛围，更将大自然的悠然自得引进室内，即便在家中，也让业主仿若置身大自然的怀抱中。

STONE DESIGN

创意造型

折线造型成为空间主题，在造型上具有现代感。立面造型从天花板到影视墙，再到家具的边角处理都选择了折线的形式，与其相呼应的平面布局在入口处、吧台与书桌后的橱柜，也都大胆使用了不规则折线，生动而具有活力。玄关处的烤漆金属板隔断的孔洞肌理，为这个空间加入了独特的新鲜元素。

STONE DESIGN

引景
入室
339

MASTER BATHROOM
GIRL'S ROOM
BOY'S ROOM
MASTER BEDROOM
STORAGE
WALK-IN CLOSET
READING AREA
BATHROOM
WORKING BALCONY
KITCHEN
LIVING ROOM
DINING ROOM
BALCONY
FOYER
ENTRANCE

平面布置图

STONE DESIGN
ROOFS

软装色彩

公共空间选用木色、米黄色与白色为主基调，加入清澈的紫色家具与橙色的半圆形吊灯作为点缀，使得空间轻盈而生动。卧室床头背景墙采用了浅蓝色壁纸与浅草绿色的床品，淡淡的色彩让人舒适而安心。

清平乐

引景 回归 暖心的家

设计公司：禾筑设计
主设计师：谭淑静
项目面积：133 ㎡
地址：中国台湾

主题风格：现代人文风格
户型格局：四室三厅两卫
居住成员：一对父母、一个儿子、一个女儿

主要材料及工艺

瓷砖、钢刷木皮、特殊涂料、超耐磨木地板、茶镜、烤漆金属、人造石

设计亮点

大自然所赋予的美好风光，是空间所具有的天生优势。阳台的窗户如一幅画框，将窗外翠绿的树梢引入室内，成为一幅动态的风景画，随季节变换，美不胜收。客厅与阳台之间的黑色铁艺推拉门，让每一个进入其中的人，视觉上得到穿透与延伸。通过各功能区域的合理规划，使每一个空间都保有良好的自然采光及通风，让身处其中的人都能享受自然的美好。

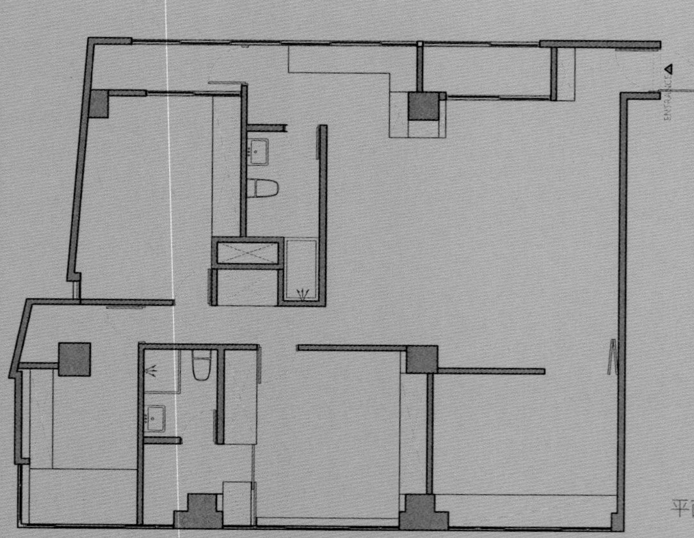

平面图

空间布局

进入室内后，玄关起到了收住视线的作用，而转过玄关，则看到开敞的客厅与餐厅。视线尽头的墙面一半是阳台外的窗景，一半是镜面，使视觉无限延伸，使空间收放自如。空间中储物柜无处不在，使生活用品得到很好地收纳，使用起来非常合理。

设计理念

引光、引景、引空间

自大门玄关进入，墙体静静的界定了公、私领域，映入眼帘的是一幅带有现代气质的艺术画作，也是这个家的品位象征。空间轴线指引的方向是大面积的窗外的一片绿景树梢，引入晴空自然日光，迎接家人的归来。这是一连串视觉的穿透与延伸。

全开放式空间

在家人最常停留的公共空间，设计师透过开放式设计融合了客厅与餐厅之外，更藉由空间建筑本身的自然条件，放大进入室内的采光量与通风性，替开放空间植入舒适生活的基因。镜面材质的运用，除了放大空间视觉感受之外，更将引入的自然光反射到整体空间中。墙面连续的温润木头纹理与天花板、地面的灰白色调构成了空间主调，随时间移动的光影让空间有了生命的温度。

自然光共享与共存

建筑物窗外是翠绿的树梢，是空间的天生优势。透过公、私领域区隔的设计规划，让每一间卧房都有对外窗，满足良好的通风、光线与景致需求，使家人们都能共享自然光的温度。

STONE DESIGN |
LOBBY DESIGN |

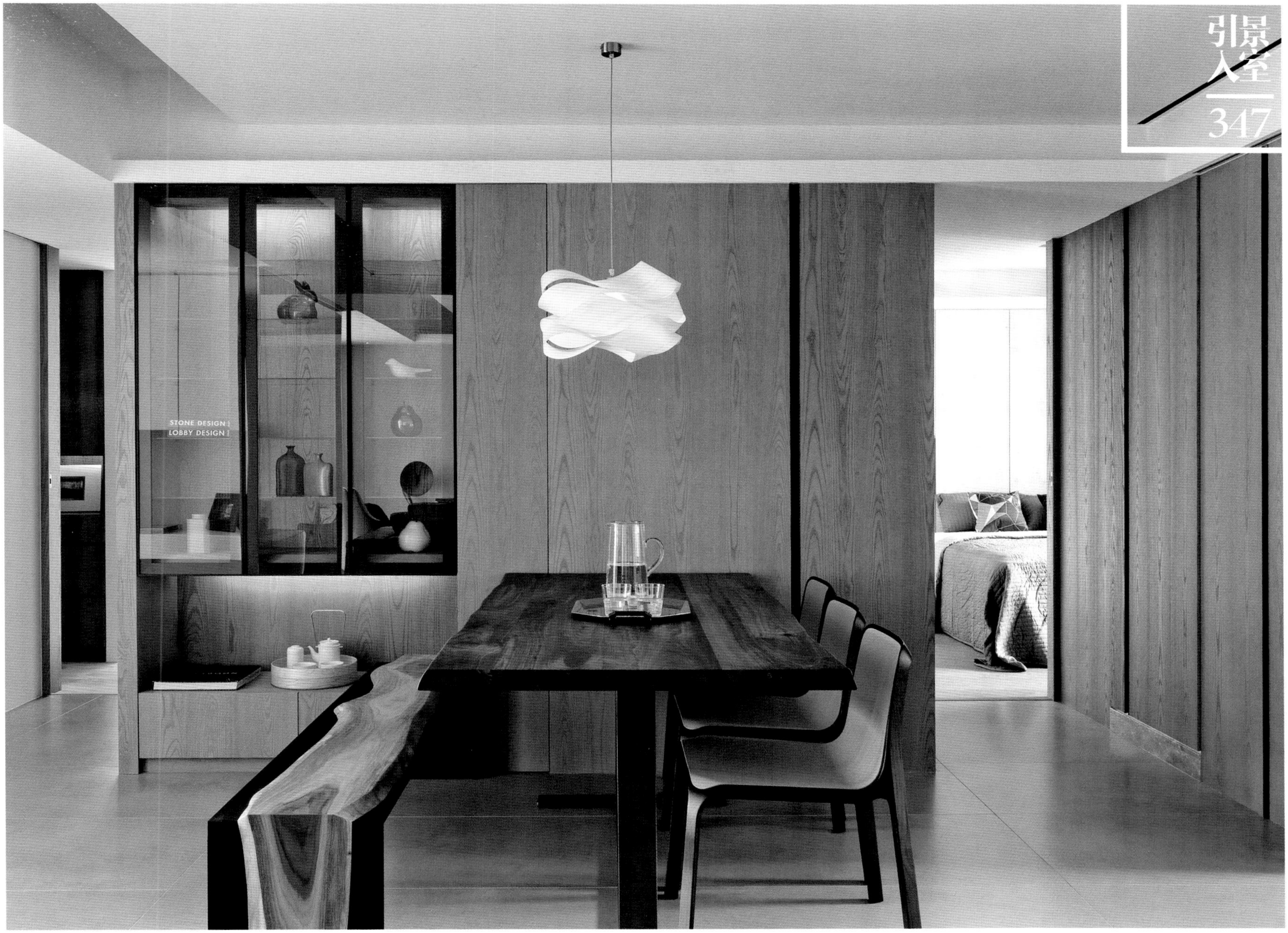

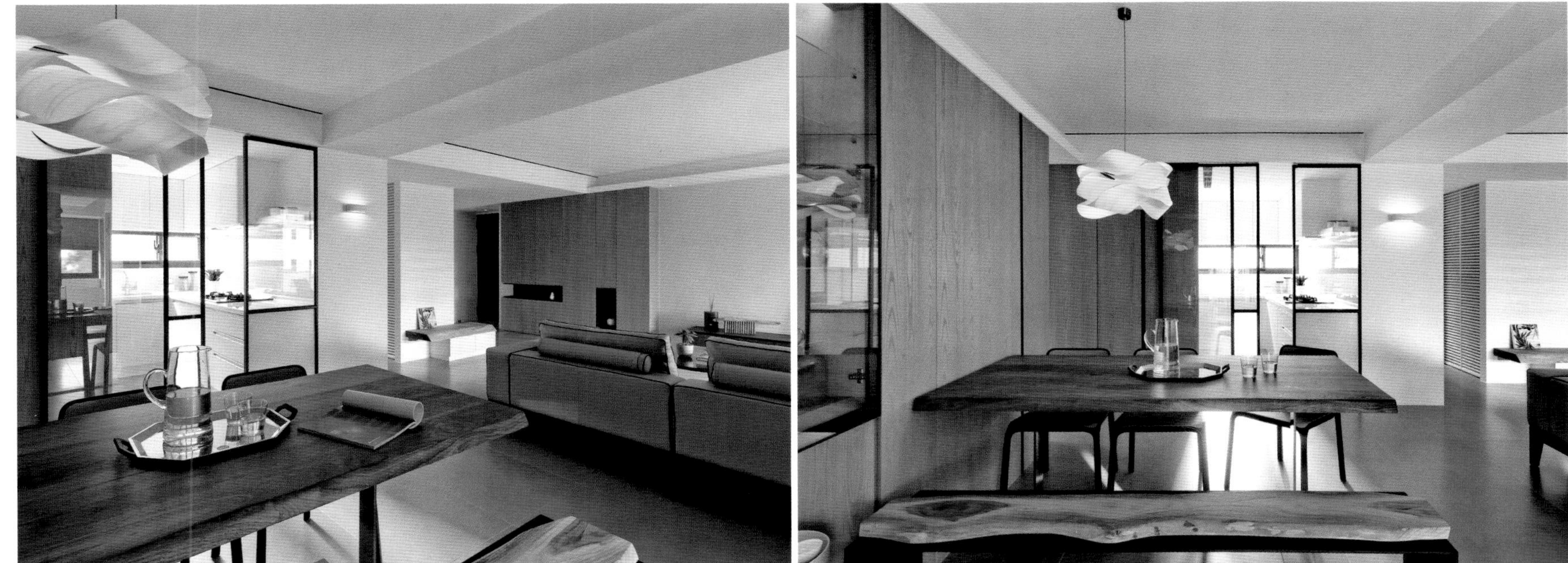

收纳利用

功能完善的工作阳台被隐藏于墙后，为空间提供了收纳功能及洗涤衣物的基本条件外，同时还避免空间由生活琐碎所带来的杂乱。除此之外，储物柜及各种收纳空间也被妥善隐藏起来，在满足家庭收纳需要的同时，让空间更为整洁舒适。干湿分离的卫生间内，清洁工具和卫生纸盒都被合理的隐藏起来，既显美观又不影响使用。

孩子长大了，家也长大了

随着家人的成长与成员的增加，对于空间使用需求、行为、尺度也跟着发生变化。透过精准的空间规划，让每个家人的私人空间除了满足基本需求外，更替主卧室、女孩房规划出完整功能的更衣室，也替男孩房规划出完整收纳展示墙与窗边阅读区。

替家人准备餐点菜肴的厨房空间，是女主人的小天地，“n”字型的空间规划与现代厨具设备，让女主人在厨房作业时顺手、自在又方便，此外，可以敞开与闭合的玻璃拉门也让料理时的气味得到妥善隔离。

通过空间重组，干湿分离的卫浴空间，宽敞的洗手台面与镜柜，卫生纸盒与隐蔽式的清洁刷，让浴室空间充分被使用。

除此之外，房子内的其他空间也有着细腻的设计：透过设计手法与空间安排，让虔诚的信仰符号与简约空间语汇取得巧妙的平衡；在连续墙面的隐藏门后，有着机能完善的工作阳台，不仅提供洗涤衣物的基本条件，更增加收纳实用功能；储物柜与收纳空间也被妥善的隐性安排于房子内，在满足家庭生活的收纳实务功能的同时，不突显柜体样式，让视觉感受更为舒服。

生活在喧嚣的大都市中，没有任何一个地方比“家”更让人感到自在与放松了。

离开与归返家的路途，记得并享受着“家”赋予家人的温暖与安定感，带着“家”的祝福面对生活的挑战，迎接下一个世代的到来。

唯心·随意

上和园

设计公司：森境 & 王俊宏设计
主设计师：王俊宏
摄影：KPS 游宏祥
项目面积：250m^2（庭院 100m^2）
地址：上海市杨浦区

主题风格：现代时尚风格
户型格局：六室两厅五卫
居住成员：5 人（父母、夫妻和一小孩）

主要材料

大理石、木地板、壁纸、铁件

“

设计亮点

大自然的美是无穷无尽的，无论是朝霞未露亦或是夕阳斜照，总是让人心醉。本案一层公共区域开启了两扇大面积的落地窗，将室外绿意纳入室内，并与客厅区域的碧蓝色地毯、画框相互辉映随坡地起伏而建的复层格局，踏阶而下，即进入室外庭院，以飞石、绿地铺陈延伸，让开阔的庭院隔绝世俗喧嚷的尘嚣，置身其中，业主及家人得以安心自在品茗论茶、秉烛夜谈，不受干扰。

”

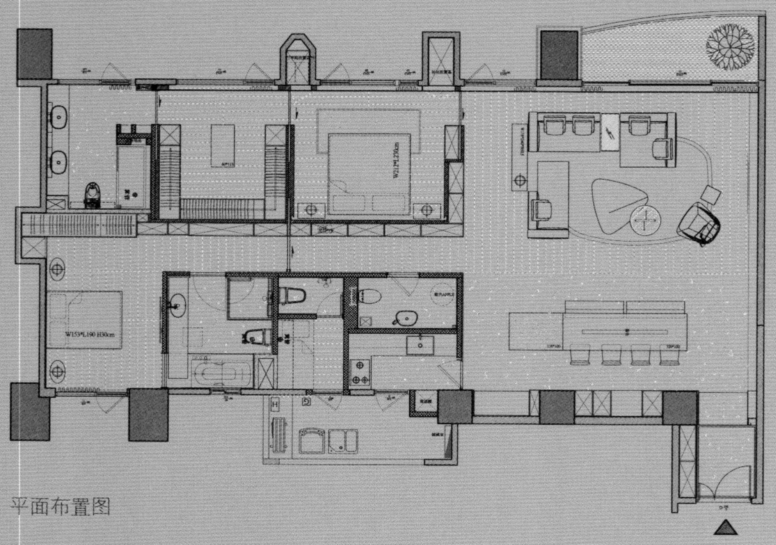

平面布置图

唯心·随意

踏阶而下，隐身于市井喧嚣中，飞石、绿地铺陈的清新庭院景致映入眼帘。或尽兴论茶，或秉烛夜谈直至夜幕低垂，入室乍见缤纷画意，方圆之间，巧妙互现。当东方既白，光影游移于厅堂，拾级而上，馨香暗自漂浮，彷佛穿越古今，暖意上心，随遇而安。

随坡地起伏而建的复层格局，踏阶而下，即进入室外庭院，以飞石、绿地铺陈延伸，让开阔的庭院，隔绝世俗喧嚷的尘嚣，置身其中，得以安心自在品茗论茶、秉烛夜谈，不受干扰。

穿越庭园进入室内，一边是规矩方正的客厅，一边是圆融小巧的餐桌，设计师对方、圆之间的造型、尺度精准拿捏，正如墙上艺术家村上隆的缤纷画作框架的宣示。

沉稳内敛的窗框色彩，勾勒出空间线条，搭配略带暖意的壁纸，柔化阳刚冷调的用色，营造居家温馨氛围。

拾级而上进入私领域，延续公共空间充满东方禅意的木质调用色，中西合璧的家具点缀其间，在现代感的利落线条中，纳入一丝古意。廊道尽头的端景柜，置放香氛、烛台，暗香浮动，带来身心舒畅的疗愈效果。

配饰及色彩

拾级而上进入卧室领域，木质色调延续了整个空间的东方禅意。亮橙色的靠枕、玫瑰金色的灯饰及拼接格纹的地毯，在沉稳的色调中纳入亮丽的色彩，令私人空间更添温馨和惊艳气氛。

唐忠汉

近境制作 设计总监

荣获 2013 年度德国 iF 传达设计奖 —— 轨迹 Tracks

获选 2012-2013 年度美国《Interior Design》国际中文版年度封面人物

擅长风格：现代时尚风、简约机能风、自然原始风

李智翔

毕业自纽约 PRATT INSITITUDE 室内设计，2008 年成立水相设计，擅长幽默的设计语汇与赋予空间强烈故事性，具有不按牌理出牌的设计特征。

获奖情况：

2011 金点设计奖

2010 亚太空间设计协会 —— Excellent Award

林政纬

中国台湾东海大学建筑学学士，美国宾州大学建筑学硕士，2008 成立大雄设计。

担任大雄设计 Snuper Design 设计总监至今。大雄设计 Snuper Design 不停地在我们熟悉的都市环境和空间中，用设计再次创造自然以及属于你的个人回忆。

获奖情况：

2013 作品“青景” 荣获 2013 第 8 届金外滩奖 —— 优秀奖

王俊宏

森境室内装修设计工程有限公司 / 王俊宏设计咨询有限公司负责人

获奖情况：

2013 21th APIDA DESIGN AWARD 亚太区室内设计大奖 —— 住宅类优胜奖

2013 百大人气设计师人气奖

2013 设计家年度风云设计师奖

2011 101 DESIGN AWARD 顶尖设计师

张凯

惹雅设计 设计师。

2014 第九届北京中国建筑装饰协会最具创新设计机构大奖

2014 “LOFT27” 荣获中国室内设计金堂奖 —— 年度优异住宅公寓空间奖

2014 “时尚之悦” 荣获中国室内设计金堂奖 —— 年度优异住宅公寓空间奖

2014 受邀聘任为亚洲大学空间设计讲师 —— 居家空间组 & 装饰艺术组

2014 担任台北市青商会理事

罗耕甫

中国台湾 橙田建築丨室研所 负责人

上海 思橙建筑设计事务所 负责人

获奖情况：

美国 IDA Design Awards 建筑 - 银奖

英国 World Interiors News Awards (WIN) 大奖 Retail

意大利 A' Design Award & Competition 建筑设计金奖、室内设计银奖

德国红点设计大奖室内设计

德国 iF 设计大奖室内建筑 - 住宅

鸣谢

林仕杰

2010 年成立甘纳空间设计工作室 / 创意总监

陈婷亮

甘纳空间设计工作室 / 设计总监

甘纳空间设计成立于 2010 年，以“空间改造有无限可能”为宗旨，为空间创造出未来 be going to 的美好愿景。“甘”为愉悦甜美，“纳”则取其容纳之意，代表着甘纳以谦卑态度面对空间与人之间的关系，进而设计出兼具舒适、美观与实用的空间。

谭淑静

中原大学室内设计系学士，2005 至今供职于禾筑国际设计有限公司

获奖情况

2014 “建声听觉” 荣获 IAI AWARDS 亚太设计师联盟竹美奖工作空间铜奖

2014 “怡园” 荣获 IAI AWARDS 亚太设计师联盟竹美奖 居住空间优良奖

2013 大陆现代装饰国际传媒奖 —— 十大杰出设计师

敞居空间设计

敞居空间设计于 2011 年成立，提供商业空间及住家之室内设计与工程管理，我们提供一次空间场域的探索，捕捉生活中艺术层次面。设计本身关乎于生活痕迹与细节，完善的空间氛围投射是与使用者契合而自在的存在，空间的语言最后响应于业主是我们的坚持。

对于空间议题的再论述，对于空间定义的再思考，对于空间量感的再思考，对于空间线条比重的再思考，对于空间材料质感的再思考，反复地思考是为了解构，而解构的目的是为了重组，借由一再的思考解构过程中，重组出属于“空间”与“人”的契合温度。

珥本设计

珥本设计创立于 2004 年，主要从事建筑室内设计，提供住宅、商业、办公空间规划整合与工程管理。我们的团队将业主的需求与对基地的分析相结合，提供包含动线机能规划、材质与光线的演绎、造型分割的比例、计划性的照明，甚至于家俱摆饰的挑选以及搭配空间的形象设计等服务，并期待能为业主提供专业的建议与体贴的服务，做出完美贴心的设计方案。

大秝设计

大秝设计（TALI）是由建筑师与室内设计师共同成立，强调空间设计必须由内而外再由外而内经过全盘思考，建筑与室内的全方位整合，每个空间都应表现出其内外关系的独特性。

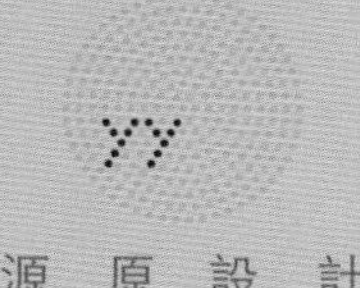

源原设计

空间本质关乎于人，在加、减的构思中，设计的出发点源自原本单一而纯粹。

源原设计坚持在材质选择与细节上的设计品位，擅长运用大胆的自然元素、优雅比例与材质变化，建构出兼具高质感及舒适感的协调空间，表达一种平凡生活态度与美学的交融。

Nothing more or nothing less，好空间带给人许多想象力。透过、自然、简练、纯粹、脱俗的视觉呈现。我们的创作，就是表达值得被欣赏的永恒。

拾雅客空间设计

公司名字取自“采拾风雅者”之意，意在鼓励团体中的每位成员都能在设计过程中不光满足客户的需求，更创造出无限的新意与感动。我们以丰富的专业知识为背景，为消费者提供综合性的服务；以室内空间设计为核心，扩及商务空间及建筑领域。在设计过程中我们注重引入创意家具及流行饰品，希望为消费者创造理性与感性兼备的生活空间。

天境空间设计有限公司

天境团队由成熟的专业技术所组成，透过设计师对视觉与空间规划的敏锐度，创造出独特、时尚、优质的生活空间，为您打造出最适合的居住空间。

天境在接受您的托付之际，都秉持最诚恳的态度及热忱的服务，将每一个细节局部微调至完美境地，将每一个项目都视为是天境唯一的代表作品。我们相信，唯有如此的服务态度才能使您放心地将您的居住空间交予天境为您规划设计，而天境也是您值得信赖与认同的更佳团队。

林欣璇

陶玺空间设计　设计总监

投入室内设计工作已逾十余年，秉持着细心对待每一个客户为原则，以负责的企业理念永续经营。林设计师凭借着自我美学的敏感度与丰富的经验，善用协调的色彩层次，搭配线条与材质特性，勾勒出空间独有的魅力，进而设计出许多美式乡村、英式乡村、北欧及现代等风格的令业主满意且称道的作品。

鸣谢

殷崇渊

演拓空间室内设计　主持设计师

设计理念：

每一次的设计委托，都是未知的旅途。打开那道门后，隐藏的问题才会浮现。

过去的十余年经验，给了我们破解难题的智慧，未来的科技与技术，却带给我们更多新的挑战。其实我们一直在学习，因为设计有无限可能。一个理想的空间，是在设计中带入体贴，减少生活的负担与不便，同时顾虑不同使用者的需求，增进人与空间的互动，进而凝聚家人的情感。设计没有标准答案，但是我相信，好的设计会让生活更简单。

尧丞希设计

YAO X HSI是一家作风年轻、充满热诚的公司，每个案件皆为一个全新独特的设计案。我们期待公司的每一份子以对设计的热诚，建构出符合使用需求的空间，并精确传达空间、生活美学等精神与价值。

特别感谢以上设计师与设计公司的一贯支持和为本书提供优秀的作品。
投稿或建议请联系：2823465901@qq.com
QQ：2823465901
微信号：HKASP22239

图书在版编目(CIP)数据

台式新简约. Ⅲ / 先锋空间编. — 武汉 : 华中科技大学出版社, 2017.5
ISBN 978-7-5680-2708-3

Ⅰ. ①台… Ⅱ. ①先… Ⅲ. ①住宅－室内装修 Ⅳ. ①TU767

中国版本图书馆CIP数据核字(2017)第055256号

台式新简约Ⅲ
TAISHI XIN JIANYUE III
先锋空间　编

出版发行：华中科技大学出版社（中国·武汉）　电话：（027）81321913
武汉市东湖新技术开发区华工科技园　邮编：430223
出 版 人：阮海洪

责任编辑：高连飞　责任监印：秦　英
责任校对：赵爱华　装帧设计：欧阳诗汝

印　刷：深圳市雅仕达印务有限公司
开　本：1020 mm × 1440 mm　1/12
印　张：30
字　数：288千字
版　次：2017年5月第1版第2次印刷
定　价：488.00元

投稿热线：(010)64155588－8000
本书若有印装质量问题，请向出版社营销中心调换
全国免费服务热线：400－6679－118　竭诚为您服务